U0182947

IoT

国家级一流本科课程配套教材
配套课程获“2023世界慕课与在线教育联盟奖”

物联网系统设计

Internet of Things System Design

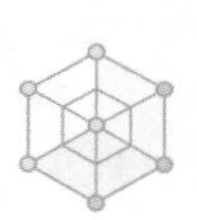

贺诗波　史治国　楼东武　陈积明　编著

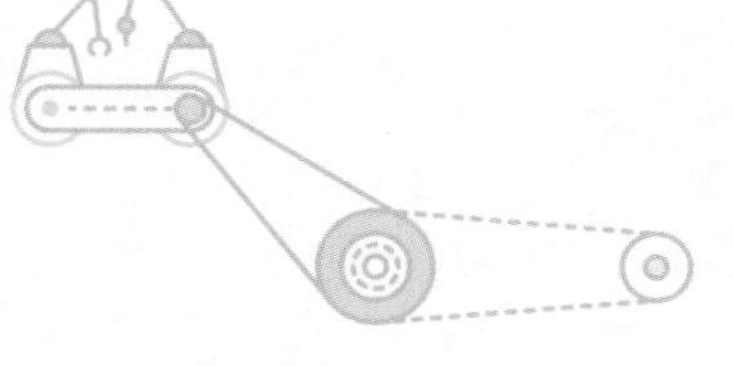

ZHEJIANG UNIVERSITY PRESS
浙江大学出版社
·杭州·

图书在版编目（CIP）数据

物联网系统设计 / 贺诗波等编著. 一杭州 ：浙江大学出版社，2022.5（2024.8 重印）

ISBN 978-7-308-22416-1

Ⅰ. ①物… Ⅱ. ①贺… Ⅲ. ①物联网－系统设计－高等学校－教材 Ⅳ. ①TP393.409②TP18

中国版本图书馆 CIP 数据核字（2022）第 040417 号

物联网系统设计

WULIANWANG XITONG SHEJI

贺诗波　史治国　楼东武　陈积明　编著

策划编辑　黄娟琴

责任编辑　黄娟琴　汪荣丽

责任校对　沈巧华

封面设计　林智广告

出版发行　浙江大学出版社

（杭州市天目山路 148 号　邮政编码 310007）

（网址：http://www.zjupress.com）

排　　版　杭州星云光电图文制作有限公司

印　　刷　杭州高腾印务有限公司

开　　本　787mm × 1092mm　1/16

印　　张　12

字　　数　260 千

版 印 次　2022 年 5 月第 1 版　2024 年 8 月第 3 次印刷

书　　号　ISBN 978-7-308-22416-1

定　　价　49.00 元

FOREWORD 序

物联网概念自21世纪初提出以来，在全球范围内迅速得到认可，并成为新一轮科技革命与产业变革的关键驱动力。近年来，我国很多高校相继开设了物联网专业，大力培养物联网方向的专业人才。物联网教育涉及计算机、通信网络、系统控制、人工智能等多个学科，相关课程涵盖计算机网络、嵌入式系统、计算机语言、操作系统、机器学习、无线通信、传感器等基础内容。

系统掌握物联网相关专业知识难度大，需要花费较多的学习时间，但在物联网应用场景实践中往往发现所学专业知识依然有缺失。浙江大学网络传感与控制研究组在多年物联网研究和开发经验积累的基础上，以典型应用场景为物联网教育切入需求导向，通过与行业龙头企业合作，完成了《物联网系统设计》一书的编写。

该书从物联网最常见的应用场景——智能家居入手，系统总结了物联网应用开发中的主要技术，将相关专业知识进行系统性整合，并详细介绍了如何搭建一个完整物联网应用系统。该书以“抽丝剥茧、化繁为简”的方式，把多学科复杂的专业知识融入简单直观的应用案例中，由浅入深、层层剖析，相信读者通过此书能对物联网应用场景的系统设计有一个全面、深入的理解，将应用实践与理论技术相结合，学习掌握相关专业知识。

该书作为物联网系统设计与专业知识快速入门教材，可用于物联网教育、科研、行业领域的高校师生、科研人员和从业者，进一步调动高校物联网专业学生学习的积极性，提高物联网方向专业人才培养成效，有助于更好地促进物联网在各行各业中应用的实践落地，是一本不可多得的优秀教材。

中国科学院院士　尹浩

2022年4月

PREFACE 前言

在技术和市场的双重推动下，物联网应用如雨后春笋般生机勃勃。据国际数据公司（International Data Corporation，IDC）调研数据，物联网市场规模在2020年已经达到6904.7亿美元，预计在2025年这一数字将攀升至1.1万亿美元。物联网技术正逐渐渗透到我们生活、生产的方方面面。

传统的物联网系统应用开发涵盖硬件、软件、通信、控制和数据库等多方面的知识。这常常让不同专业背景的学习者无从下手、望而生畏。可喜的是，近年来物联网平台的出现为解决该问题提供了一条全新的技术路径，技术人员已经能够在短时间内开发出一个"麻雀虽小，五脏俱全"的物联网应用系统。

为了便于学生更高效的学习，课程组专门拍摄了慕课"DIY智慧小屋——带你玩转物联网"，于2019年9月首次在中国大学MOOC平台上线，迄今已开课6次，选课总人数达6万余人次。课程入选"浙江省线上一流课程"。2020年，课程在智慧树平台上线，截至2024年7月，已经有77所高校申请将本课程作为线上教学课程，累计有1.38万名学生通过学习本课程获得学分。2020年，课程在学习强国平台上线，其英文版入选爱课程国际平台的首批193门上线课程，面向全球开放，并已经完成了两学期的教学任务。2023年，本课程被认定为国家级一流本科课程。本课程获"2023世界慕课与在线教育联盟奖"，此次全球共评出12门获奖课程。

从2019年开始，每年在春季学期和秋季学期为浙江大学电子信息类和计算机类专业学生开设了"物联网系统设计"课程。该课程以智慧家居场景为例，让学生通过理论知识学习和动手实践操作，完成一个智慧小屋的搭建，并进一步自我命题，设计出自己的物联网系统作品。截至2024年7月，该课程已开课11次，受到了学生们的一致好评。

该课程还有机融入了课程思政元素。在物联网通信组网章节，讲述了华为在移动通信特别是第五代移动通信（5G）上的攻关，对中国的5G领先世界发展起到关键性作用。在物联网云平台章节，回顾了阿里云十年磨一剑，最终独立建成有独立知识产权的飞天系统的历史。此外，在每一章中，该课程深入贯彻党的二十大精神，引导学生培养不断创新、团队合作和跨学科交叉的能力。通过课程思政的融入，拓宽了学生的知识面，潜移默化地提升了学生的家国情怀。该课程获评“浙江省课程思政示范课程”。

目前，基于物联网平台应用系统开发技术方面的教材还比较欠缺，因此，课程组结合多年的物联网开发和教学经验，在与物联网产业多个头部企业技术专家充分讨论的基础上，基于目前主流的物联网平台，详细梳理了物联网应用系统开发过程中涉及的全栈知识，包括终端设计、嵌入式设计、通信组网、物联网平台、前后端设计等，并根据学生对于线上和线下课程的反馈意见，反复修订课程内容的讲义，最终形成了《物联网系统设计》这一教材。受浙江省普通高校“十三五”新形态教材建设项目支持，本教材加入了大量的数字化内容，与线上慕课教学视频对应，有望给读者学习本课程带来事半功倍的效果。

本教材的基本内容结构如下。第 1 章详细叙述了物联网的发展历史、演进趋势及当前主流的体系结构，带领读者走进物联网学习的大门。第 2 章阐述了物联网云平台的功能、应用和发展趋势。第 3 章对智慧小屋的总体结构、所用到的硬件以及典型物联网应用开发流程进行了介绍。第 4 章介绍了智慧小屋采用的硬件开发平台、传感器、执行器、Wi-Fi 通信模块和外围电路等，重点阐述了 Arduino 开发等技术。第 5 章详细介绍了阿里云物联网平台的构成、物模型，以及 MQTT 通信协议。第 6 章着重讲述了 Arduino IDE 软件代码实现过程以及数据上云过程。第 7 章叙述了 MQTT 协议与阿里云的连接过程，讨论了阿里云 IoT Studio 平台的使用。第 8 章带领读者学习 IoT Studio 服务开发流程及服务开发案例。第 9 章介绍了物联网云平台集成的 Web 开发组件和 Web 开发的流程与操作。第 10 章介绍了物联网云平台集成的 App 开发组件和可视化 App 开发的流程与操作。第 11 章和第 12 章讲述了物联网应用中常用的两种广域低功耗通信技术。第 13 章对物联网操作系统进行了详细阐述。

在本教材的编写过程中，徐一皓、刘洋、郭苗等同学对相关讲义、资料进行了整理。阿里巴巴—浙江大学前沿技术联合研究中心对本课程的开设和教材的编写提供了重要的技术支撑；在前期开课的过程中还收到了线上和线下学习者的很多宝贵意见；浙江大学本科生院对本教材的编著也给予高度关注并提供支持；中国科学院尹浩院士对本教材的编写思路和具体内容提出了许多宝贵意见并为本书作序。在此一并表示衷心的感谢。

“物联网系统设计”课程组

CONTENTS 目录

PPT

CHAPTER 1

第 1 章

物联网概论

随着联网设备的快速增加,万物互联时代正在到来。通过深度融合海量感知数据,整合各类异构资源,物联网正不断延伸各行业的能力边界、提升社会的运行效率,成为新一轮工业革命的关键技术之一。本章将概览物联网的发展历史和技术演进趋势,带领大家走进物联网世界的大门。

本章的学习要点包括:

1. 了解物联网的发展趋势,包括物联网的起源和两次浪潮;

2. 掌握物联网的基本内涵、四个要素、体系架构和云平台;

3. 了解物联网通信技术和组网技术,重点掌握 RFID、ZigBee、蓝牙和 Wi-Fi 等技术;

4. 了解物联网技术发展新的特征和物联网开发面临的挑战;

5. 熟悉新型物联网的应用场景。

1.1 物联网发展历程

从1995年至今,物联网已经有近30年的历史。在这近30年内,物联网已经从畅想变成生活中无处不在的新型基础设施。本节将介绍物联网的发展历程,包括物联网的基本概念、起源和两次浪潮。

1.1.1 物联网的基本概念

物联网(Internet of Things,IoT)以连接物体为基础,在全世界范围内构建万物互联的庞大网络。在这个庞大网络上,所有的智能设备都可以在任何时间、地点,与人或对等的智能设备进行连接以及数据交互。

2009年,物联网被正式列为我国五大新兴战略性产业之一,被写入《政府工作报告》。同年,"感知中国"的物联网战略被提出。那么,何为物联网?物联网是指将无处不在的末端设备和设施,包括具备"内在智能"的传感器、移动终端、工业系统、楼控系统、家庭智能设施、视频监控系统等,和"外在使能"的智能化物件、动物或智能尘埃,如贴上射频识别(radio frequency identification,RFID)的各种资产、携带无线终端的个人与车辆等,通过各种无线和(或)有线的、长距离和(或)短距离通信网络实现互联互通、应用大集成以及基于云计算的SaaS(software as a service,软件即服务)平台营运等,在内网、专网和(或)互联网环境下,采用适当的信息安全保障机制,提供安全可控乃至个性化的实时在线监测、定位追溯、报警联动、调度指挥、预案管理、远程控制、安全防范、远程维保、在线升级、统计报表、决策支持、领导桌面等管理和服务功能,实现对"万物"高效、节能、安全、环保的"管、控、营"一体化。

1.1.2 物联网的早期发展

物联网的构想最早出现于比尔·盖茨于1995年所著的《未来之路》一书中。在该书中,比尔·盖茨举了一个物物互联的例子:未来的相机不管在什么地方,它都可以把照片发给主人,还可以给它的主人发送消息,告诉主人它所处的具体位置。即使相机丢失,它的主人也很容易就能找到它。这样的功能,现在许多智能相机已经实现了。但在当时,由于受无线网络、硬件、传感设备还有云平台的限制,物物互联还面临许多困难,并未引起重视。

"物联网"这个词是由麻省理工学院auto-ID中心在1999年提出的。当时物联网的概念主要指的是依托RFID技术的物流网络。到了2005年,国际电信联盟发布了《ITU互联网报告2005:物联网》,正式定义了"物联网"。自此,物联网的定义和范围发生了重大变化,覆盖范围有了较大拓展,不再局限于基于 RFID 技术。这一报告探讨了物联网的技术愿景,分析了市场前景和影响市场发展的因素,思考和总结了物联网发展和推广的多方面障碍,讨论了物联网在发展中国家和发达国家不同的战略需求,展望了物联网的美好前景与未来人类社会的物联新生态系统。

1.1.3 物联网发展的两次浪潮

物联网发展的第一次浪潮发生在 2009 年。2009 年 1 月,奥巴马就任美国总统后,美国经济低迷。为寻求经济发展的新驱动力,奥巴马与美国工商业、科技业等多个领域的领袖举行了一次“圆桌会议”。在这个会议上,作为仅有的两名科技界代表之一,彭明盛(IBM 前首席执行官)首次提出“智慧地球”这一概念。他建议政府投资新一代的智慧型基础设施。于是,当年美国将物联网列为振兴经济的两大重点产业之一,另外一个振兴经济的重点是新能源产业。这是物联网研究与应用的第一波浪潮。

2016 年 3 月,在物联网应用已经取得较大发展的历史背景下,《中华人民共和国国民经济和社会发展第十三个五年规划纲要》明确提出“发展物联网开环应用”,将致力于加强通用协议和标准的研究,推动物联网在不同行业、不同领域应用间的互联互通、资源共享和应用协同。同年,窄带物联网(Narrow Band Internet of Things, NB-IoT)的主要标准冻结,这意味着 NB-IoT 已可以大规模推广应用,标志了物联网发展第二次浪潮的到来。

2017 年 6 月,工业和信息化部发布的《关于全面推进移动物联网(NB-IoT)建设发展的通知》提出,建设广覆盖、大连接、低功耗移动物联网基础设施、发展基于 NB-IoT 技术的应用,有助于推进网络强国和制造强国建设、促进“大众创业、万众创新”和“互联网 +”发展。

2017 年 11 月,国务院发布的《关于深化“互联网 + 先进制造业”发展工业互联网的指导意见》明确指出,要以先导性应用为引领,组织开展创新应用示范,逐渐探索工业互联网的实施路径和应用模式。

2018 年 3 月,在云栖大会上,阿里巴巴集团资深副总裁、阿里云总裁胡晓明宣布:“阿里巴巴将全面进军物联网领域,IoT 是阿里巴巴集团继电商、金融、物流、云计算后新的主赛道。”胡晓明在现场表示,阿里云 IoT 的定位是物联网基础设施的搭建者,阿里云计划在未来 5 年内连接 100 亿台设备。此外,为应对物联网带来的新挑战,阿里云将在 2018 年战略投入“边缘计算”这一新兴的技术领域,打造全世界第一朵“无处不在的云”。阿里巴巴还与杭州移动携手在杭州打造国内首个 LoRa[①] 城域网。

---

① LoRa 是基于 Semtech 公司开发的一种低功耗局域网无线标准,是一种物联网接入层网络传输技术。

2018 年 5 月，工业和信息化部印发的《工业互联网发展行动计划（2018—2020 年）》对我国工业物联网建设起步阶段进行了详细规划和指导。

在物联网的行业应用方面，2019 年 3 月，国家电网公司召开工作会议，对建设泛在电力物联网做出全面部署，加快推进“三型两网、世界一流”战略落地。泛在电力物联网建设规划分两阶段，到 2024 年全面建成泛在电力物联网。

2020 年 12 月，为深入实施工业互联网创新发展战略，推动工业化和信息化在更广范围、更深程度、更高水平上融合发展，工业和信息化部印发了《工业互联网创新发展行动计划（2021—2023 年）》。

由上面的介绍可以看出，物联网发展经历了两次浪潮，第一次浪潮始于 2009 年，在各国政府的倡导下，经历了一轮大的发展。从 2016 年开始至今，又兴起了一轮新的浪潮。这一轮新的浪潮，总结起来有两个背后推手。一个推手是技术，即低功耗广域物联技术（Low-Power Wide-Area，LPWA）的成熟。LPWA 主要包括 NB-IoT 技术和 LoRa 技术。该技术从物联网基础架构层面，提供了广域物联的基础。有人说，低功耗广域网（Low-Power Wide-Area Network，LPWAN）的应用，为物联网应用修通了包括高速、干道和支路在内的所有基础设施。另外一个推手是行业应用需求。物联网在各行各业特别是工业领域的应用，将物联网从改变人民生活推进到改变生产方式，这极大地推动了社会经济发展，催生了大量新的社会需求。

1.2 物联网体系架构与云平台

物联网的基本内涵在于物联，是指由物主动发起，物和物相连或者物和人相连的系统。物联网内涵的第一层意思是物和物相连，开启万物互联的新时代，带来新的应用如智慧物流、能源互联网、智能制造等；第二层意思是物和人相连，开启物—人相连的新时代，带来新的应用如智能可穿戴设备、移动医疗等。

物联网的 4 个要素是指感、联、知、控。感，是指最底层传感器数据的获取；联，是指得到这些数据之后，如何传输；知，是指如何挖掘感知数据中蕴含的信息，从而高效利用这些数据；控，就是管控整个系统，让系统更加智能。

1.2.1 物联网体系架构

物联网体系架构如图 1.1 所示，最底层是感知层，往上是网络层和服务层。体系架构与前文所述的感、联、知、控对应：感知层对应感，网络层对应联，服务层对应知和控。感知层由感知设备组成，包括光纤、读卡器、摄像头等传统的声光电传感器，这些传感设备主要功能是获取外部数据。获取数据以后再通过网络层进行传输处理。

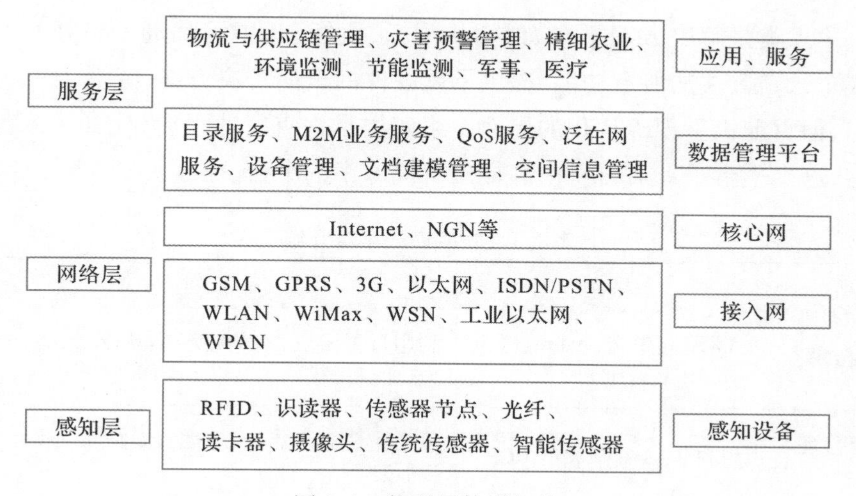

图1.1 物联网体系架构

网络层包括接入网、各种网关、核心网的接入等。网络层的功能是将感知层获得的数据接入网络,并传送到云端。数据到了云端之后,管理平台可以完成各种设备管理、数据管理和空间信息管理。

物联网内涵与体系架构

平台层往上就是服务层。服务层主要为各种应用提供服务,比如物流与供应链管理、灾害预警管理、环境监测等。

1.2.2 物联网云平台

物联网云平台对于物联网而言,发挥着越来越重要的作用。特别是近两年来,很多大企业都非常重视物联网云平台的开发。华为、阿里、中移物联、亚马逊、谷歌、IBM、思科和微软等知名企业,都在开发物联网云平台。物联网云平台包括三个层次。第一个层次通常称为云资源,即基础设施即服务(infrastructure as a service, IaaS)。IaaS主要提供云计算的基础硬件设施,包括计算存储资源等。第二个层次是平台即服务(platform as a service,PaaS)。PaaS主要提供一些基础的数据服务,比如接入服务、设备管理、数据管理、安全引擎等功能。第三个层次是软件即服务(software as a service,SaaS)。SaaS主要提供具体应用的解决方案。

物联网云平台可以分为四类,如表1.1所示。第一类是底层支撑平台,包括AWS、阿里云、腾讯云、IBM、百度等公司的产品。这类平台的特点是,利用自身云资源的优势,强调云支撑、云计算能力,通过提供应用程序编程接口(application programming interface,API)和软件开发工具包(software development kit,SDK),实现与异构硬件连接。这类云平台的使用者以物联网平台解决方案公司和产业大客户为主。第二类平台,类似于用户识别模块(subscriber identity module,SIM)卡的管理平台,其代表有思科、爱立信等公司的产品。这类平台主要依托运营商合作,成为运营商物联网的

一部分。第三类是解决方案平台，包括华为云、机智云、中国移动 OneNET 等。这类平台集成了云、管、端的所有功能，提供了软硬件的全面解决方案，降低了一些行业的准入门槛，但目前仍呈现碎片化的局面。第四类是垂直行业平台，比如小米的 IoT 开发者平台，这类平台是针对自身产品提出解决方案的平台。

表 1.1　物联网云平台介绍

分类	举例	特点
底层支撑平台	AWS、阿里云、Azure、腾讯云、IBM、百度	利用自身云资源的优势，强调云支撑、云计算能力，通过提供网关 API 和 SDK 实现硬件连接
SIM 卡管理平台	思科 Jasper、爱立信 DCP	依托运营商合作，成为运营商物联网平台，强调连接管理
解决方案平台	华为云、机智云、中国移动 OneNET	集成云、管、端的所有功能，提供软硬件全面解决方案，降低门槛，但目前仍呈现碎片化的局面
垂直行业平台	小米	针对自身产品提出解决方案，推广较难

物联网通信与组网技术

1.3　物联网通信与组网技术

本节介绍物联网通信与组网技术，重点介绍 RFID、ZigBee、蓝牙和 Wi-Fi 等技术。图 1.2 给出了目前物联网的通信与组网技术的整体概况。

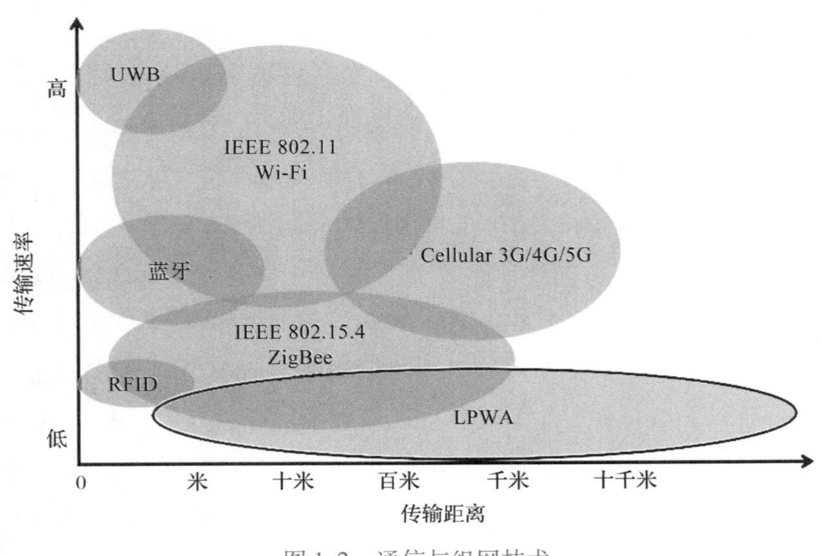

图 1.2　通信与组网技术

从传输距离来看,短距离的传输协议有UWB、蓝牙和RFID;中等距离的传输协议包括Wi-Fi和ZigBee;远距离的传输协议则主要依赖3G、4G、5G等蜂窝通信方式。此外,远距离的传输协议还有目前备受关注的LPWA。不同的通信协议,其传输速率是不一样的。

本节主要介绍目前在物联网中用得较多的几种技术,比如RFID、蓝牙、ZigBee、Wi-Fi,还有3G、4G、5G和LoRa技术。

1.3.1 RFID技术

RFID技术,是最早的物联网技术。RFID是一种非接触式的自动识别技术。由图1.3可知,一个完整的RFID系统,包括阅读器和电子标签。阅读器发出特定频率的电磁波,传递给标签,标签电路在获得了电磁波的能量后,把自己的ID通过电磁波返回给阅读器,从而实现了阅读器对标签ID的识别。

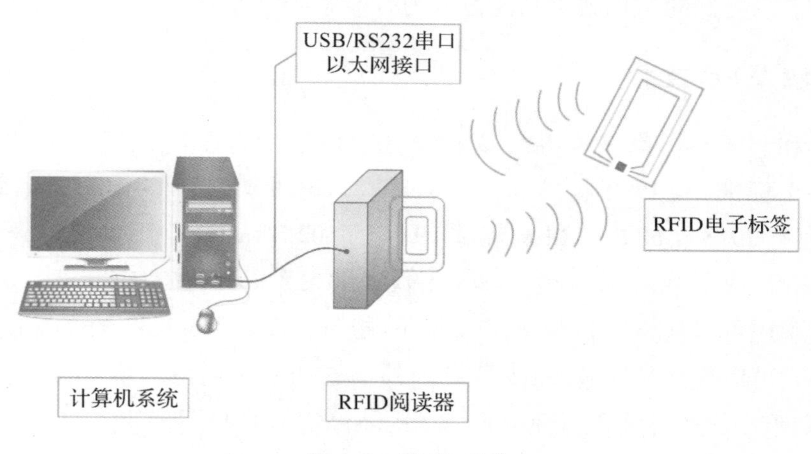

图1.3 RFID系统

RFID技术的主要特点:一是它具有数据读写功能,既可以把标签中ID的数据读出来,也可以把处理好的数据写入标签;二是它的小型化和多样性;三是它能够适应不同的环境;四是RFID信号穿透性强。另外,RFID的内容可进行密码保护,不容易被伪造和变更,系统有较好的安全性。

但是RFID也有一定的局限性:它只能读固定的ID信息,不能实时感知环境信息。比如,RFID不能通过ID读出环境的温度或者湿度。目前一些学术工作正在研究新型RFID标签,这些标签不仅可以返回ID信息,还可以驱动传感器工作并把感知数据返回。

RFID技术应用广泛,比如门禁、自动化生产线、物料管理等系统,都可以用到RFID技术。

1.3.2 蓝牙技术

蓝牙是一种无线数据和语音通信的开放性全球规范。它以低成本的短距离无线连接为基础,可以为固定或者移动的终端设备提供廉价的无线接入服务。蓝牙技术标准是由蓝牙技术联盟管理的。蓝牙技术联盟在全球有超过25000家成员公司,它们分布在电信、计算机网络和消费电子等多个领域。

2021年7月,蓝牙技术联盟发布了蓝牙5.3技术规范。理论上说,蓝牙5.3的发射和接收设备之间的有效距离可以达到300 m。目前,蓝牙技术已不仅仅是一个近距离的通信技术,甚至在一定程度上会和Wi-Fi在物联领域的应用形成一定的竞争关系。传统蓝牙与Wi-Fi相比,主要缺点是通信距离近和速率低。然而,蓝牙5.3的速率已可以达到48Mb/s。此外,蓝牙5.3也支持室内的定位导航功能,如果和Wi-Fi相结合,则定位的精度可以达到1m以内。蓝牙5.3技术还针对物联网进行了很多底层的优化,力求以更低的功耗和更高的性能为智能家居服务。

1.3.3 Wi-Fi技术

Wi-Fi和蓝牙一样都属于办公室和家庭中使用的短距离无线通信技术。目前Wi-Fi有多个标准,从1999年的802.11a、802.11b到2003年的802.11g,2009年的802.11n,还有2013年的802.11ac和2019年的802.11ax。其中,802.11ax又称为高效率无线标准,或者Wi-Fi 6。802.11ax不仅速度大大提升,在双空间流160MHz频宽下,传输速率还可以从802.11ac的1733Mbps提升到2402Mbps,性能提高近40%。更关键的是,它可以提高频谱效率,支持室内外场景和密集用户环境,可以稳定地连接更多设备和用户。通过融合各种技术,Wi-Fi不断提升自身的性能。

与蓝牙相比,Wi-Fi的主要优势在于:①Wi-Fi数据传输速率比蓝牙快;②Wi-Fi传输距离比目前市面上商用蓝牙距离更远。但是,Wi-Fi的缺点是功耗比蓝牙高。

1.3.4 其他技术

ZigBee技术在过去十几年里备受关注。与蓝牙和Wi-Fi相比,ZigBee通常应用于工业控制、传感网、家庭监控、安全系统等领域。

到目前为止,ZigBee相关的论文和实际系统已经有很多。然而,从这两年的发展趋势来看,ZigBee技术的应用需求在下降。主要是在传输距离和可靠性等方面,ZigBee存在着一定的局限性,而且后期的维护要求也较高。

传统的远距离物联是用蜂窝无线网来实现的,比如2G、3G、4G、5G都可以用来做物联。蜂窝物联的问题在于,蜂窝无线网是为人的连接而不是物的连接设计的。由于物联网设备没有频繁充电的条件,希望电池续航时间要长,所以物联网的低功耗设计就显得非常重要。如此一来,蜂窝网络的物联方式就不适用了,这就催生出低功耗广域物联技术。低功耗广域物联最常用的技术包括 NB-IoT 和 LoRa。本书将会专门用两章对这两种技术进行探讨。

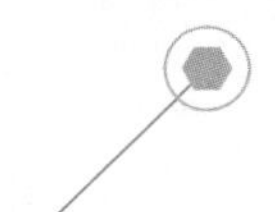

1.4 物联网设计的趋势和挑战

随着以 NB-IoT 和 LoRa 为代表的低功耗广域物联网技术的成熟,物联网系统设计在架构上和技术上逐步呈现出新的特征,物联网系统开发也面临新的挑战。

1.4.1 物联网发展的新特征

物联网技术发展的第一个趋势是,物联网主干架构的普及。这个主干架构包括 NB-IoT 和 LoRa。在物联网发展的早期,通常是由开发人员自行使用 ZigBee 或者 Wi-Fi,实现小范围内的互联互通。而现在的 NB-IoT 是一个由运营商提供的主干物联网。这种新趋势使得物联不再像以前那样烦琐,而是可以通过新的低功耗广域物联直接接入主干网,实现数据上云,大大减轻了连接的工作量和烦琐程度。

第二个趋势是云服务器的广泛使用。在如今的物联网系统组成中,云平台已经成为不可忽略的部分。传统的物联网一般是终端采集再传输到上位机。物联网应用系统已经基本不需要上位机,而是数据直接上云。

以上两点是从物联网的架构角度来看的。如果从技术角度来看,物联网系统设计也有两个趋势。

第一个趋势是物联网的操作系统功能日益丰富。除具备传统操作系统的设备资源管理功能外,物联网操作系统还具备下列功能:①屏蔽物联网碎片化的特征,提供统一的编程接口;②降低物联网应用开发的成本和时间,从而为物联网统一管理奠定基础。

第二个趋势是平台服务能力的综合提升。一方面,物联网操作系统发挥着越来越重要的作用;另一方面,物联网平台提供各种各样的服务接口的能力也越来越强。

要理解技术层面上为什么会有这两个新的特征,还需要知道现代物联网系统设计面临的主要挑战。

1.4.2 物联网系统设计面临的主要挑战

物联网系统设计面临的最大问题就是碎片化。物联网的碎片化体现在多个方面,首先是传感器和接口类型的多样化和碎片化,如图 1.4 所示。其次是通信网络接入类型的多样化和碎片化，如图 1.5 所示。最后是云平台类型的多样化和碎片化，如图 1.6 所示。

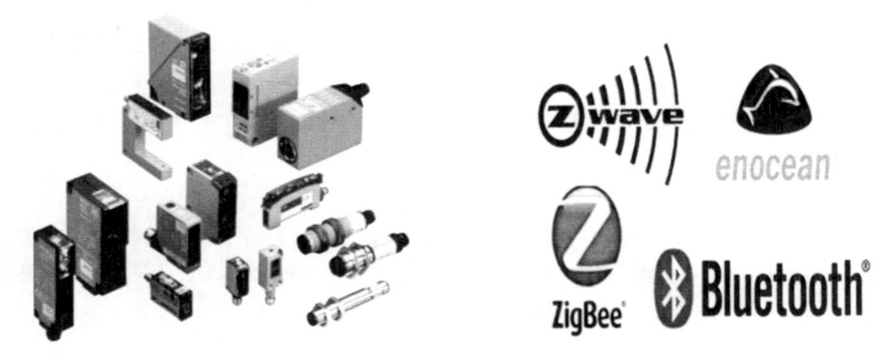

图 1.4　传感器类型与接口的多样化　　图 1.5　通信网络接入类型的多样化

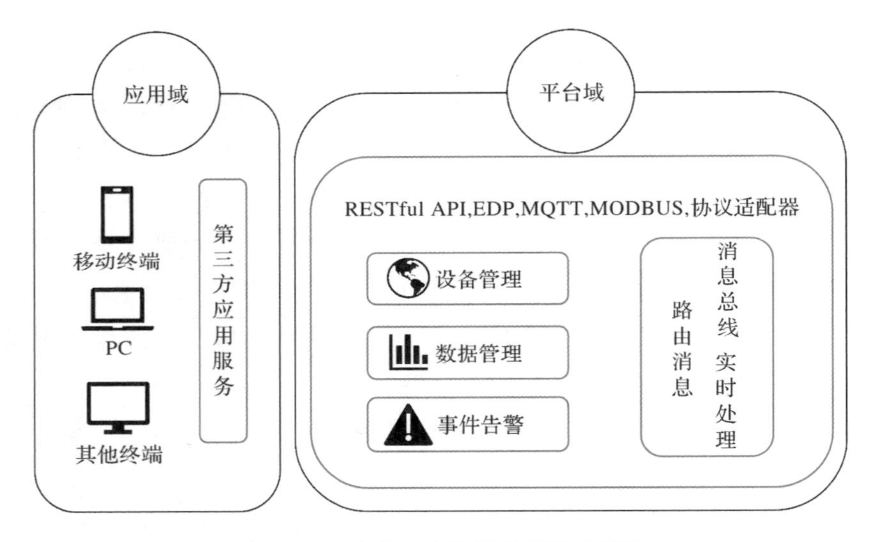

图 1.6　平台管理和终端应用的多样化

平台管理和终端的多样化和碎片化，使得开发流程变得非常烦琐。对于每一种传感器而言，当在应用中使用不同的网络和平台时，都需要从头开始一次次地去开发，开发人员需要做大量重复性的工作，这使得开发效率变得非常低。物联网操作系统和物联网平台的建设使得物联网系统开发人员能有效应对碎片化的挑战。

图 1.7 给出了一种碎片化的解决方案。基本思想就是，在不同的层次对碎片化做抽象化处理，把不同的硬件接口、不同的通信模块和不同的云平台都封装起来。比如在电气接口层（electrical interface HAL），把所有的电气接口抽象出来，叫作电气接口的抽象层，然后把不同传感器的驱动做成一个抽象层。同样，把不同的通信协议统一到通信抽象层。对于一个应用来说，调用某个传感器或者某种通信接口，其实不用区分它到底是什么传感器，也不用区分它用的是什么通信方式，甚至不用区分它到底

使用什么样的云平台,只要接口是统一的就能正常工作。这种解决方式本质上就是通过物联网操作系统来解决碎片化问题。

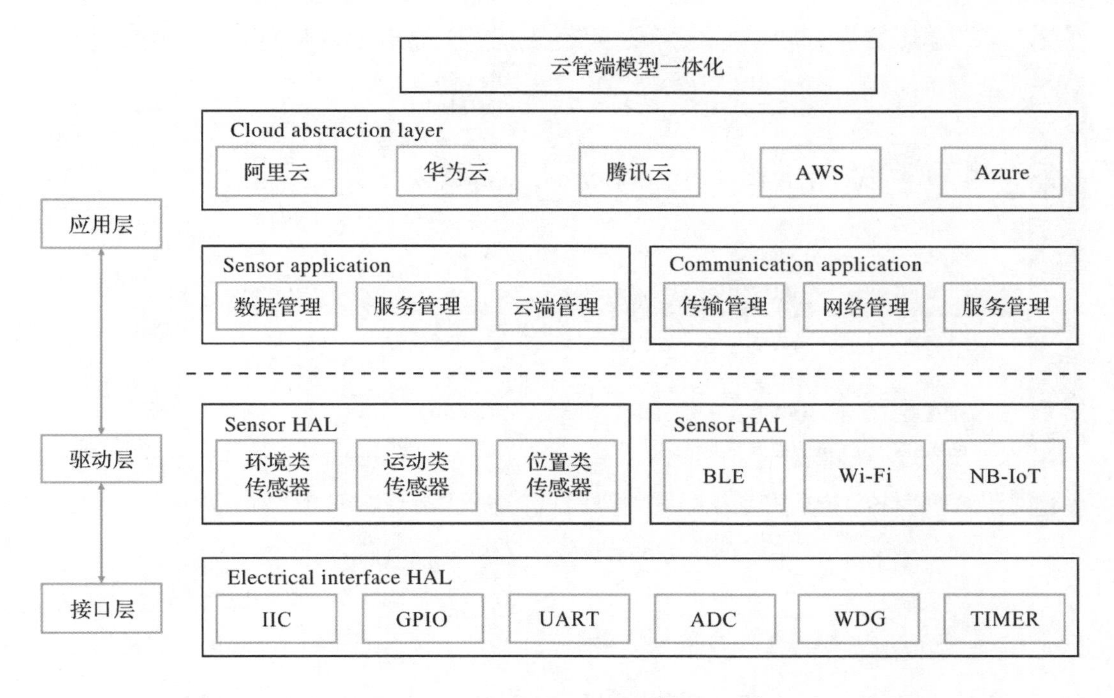

图 1.7 碎片化问题解决思路

物联网操作系统在物联网的发展中起到非常关键的作用。首先,它能够解决碎片化的问题。此外,它能够通过设备的服务认证、安全加密算法等技术手段,为物联网终端的设备带来安全保障。而且它能够通过提供完善的操作系统组件和通用的开发环境来降低应用开发的成本和时间。再者,它还可以通过多种通信协议的连接管理能力,为物联网终端统一管理提供技术支撑。最重要的是,它可以通过建立产业的上下游来连接物联网应用,形成积极健康的行业生态。

AliOS Things 操作系统是阿里巴巴集团开发的一个物联网操作系统,如图 1.8 所示。它能够有效应对碎片化问题。比如,自组织网络(uMesh)可以根据各种不同的网络需求来进行组网;再比如,空中固件升级功能(FOTA)可以在网络资源受限的情况下进行网络升级。

如图 1.9 所示,阿里物联网套件是专门为物联网领域开发人员设计的、部署在云端的一个物联网工具集。它可以帮助搭建安全且性能强大的数据通道、方便终端和云端双向通信、支持亿级的设备长连接和百万级的消息并发。

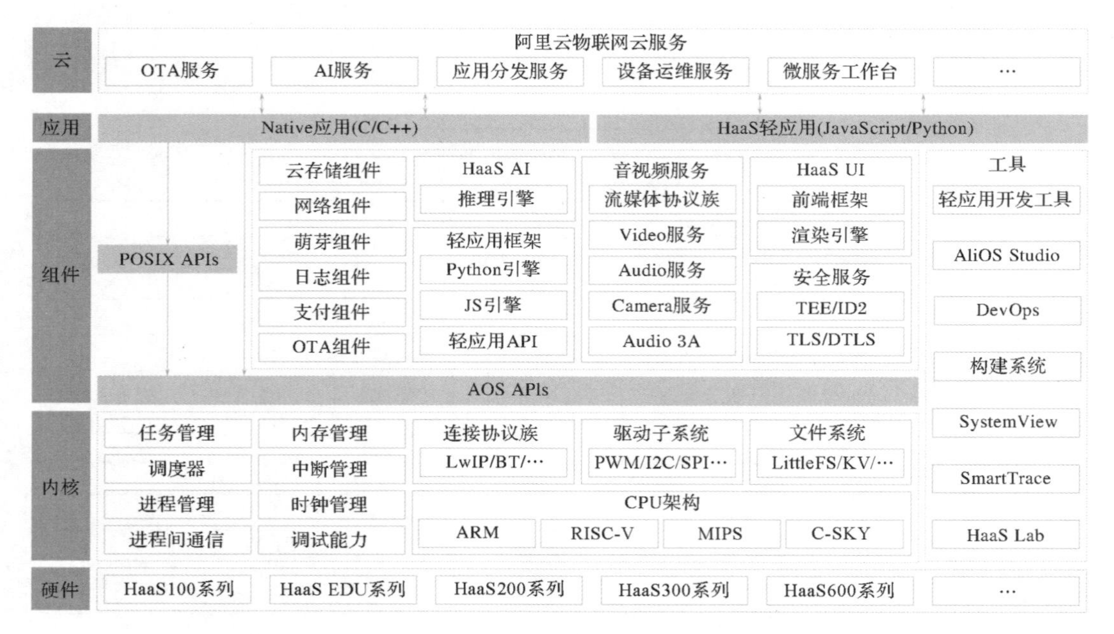

图 1.8　AliOS Things 物联网操作系统(AliOS Things 官网图)

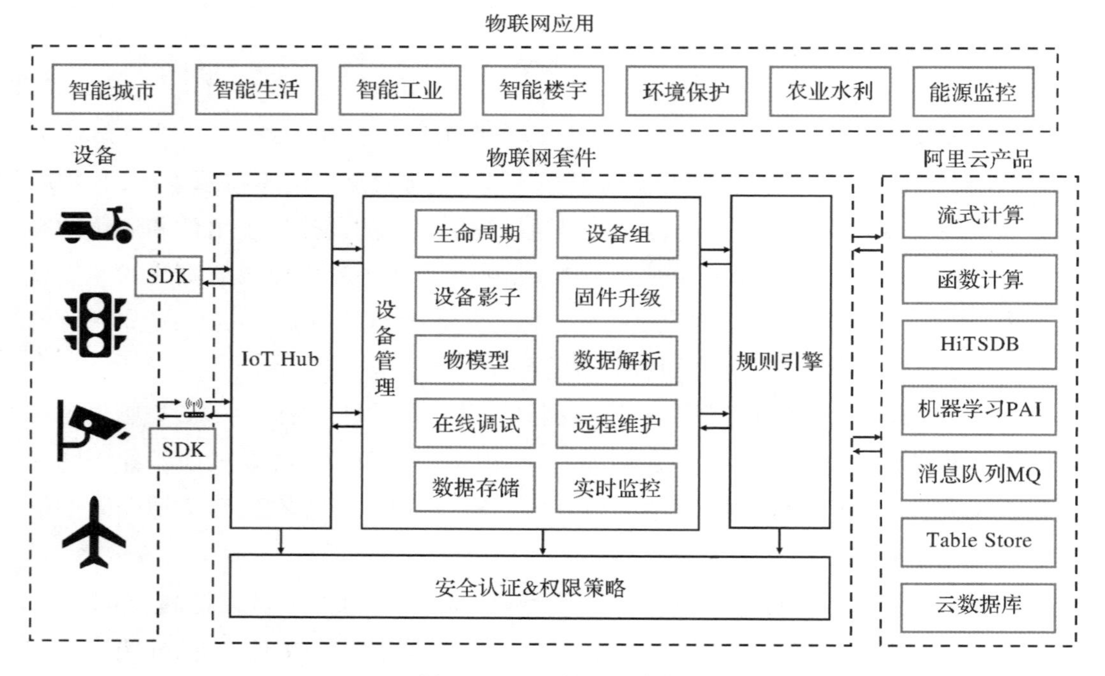

图 1.9　阿里物联网套件

物联网的一个非常重要的特性就是长连接。物联网设备往往功耗比较低，需要物联网平台的配合才能在低功耗的情况下保持长连接。百万级消息并发是物联网的另一个重要特性,也需要依靠物联网套件提供的服务来实现支持大量稳定连接的功能。

在物联网操作系统和云平台的基础上,改进的不只是技术,还有开发模式。图 1.10 展示了一种新的云—端融合开发模式。在以前的开发模式中,如果要搭建一个系统,需要把硬件和软件对应的数据格式先定义好,然后在硬件上做编码,平台也按照这个统一的数据格式做编码,再进行软硬件联调,最后平台做数据的解析。而在现在的开发模式下,开发人员可以先在平台上直接定义产品的物模型。这样,我们就不需要在终端上编写关于传感器数据采集和通信的嵌入式代码程序,这些工作可以在平台上直接生成,然后以 SDK 的方式下发到终端上。中央处理单元(micro controller unit,MCU)用了 SDK 后,可以直接连到平台上,按照平台的要求传输数据。硬件设备可以直接连接平台,不需要再做软硬件的联调,降低了协同编码中可能出现问题的概率。

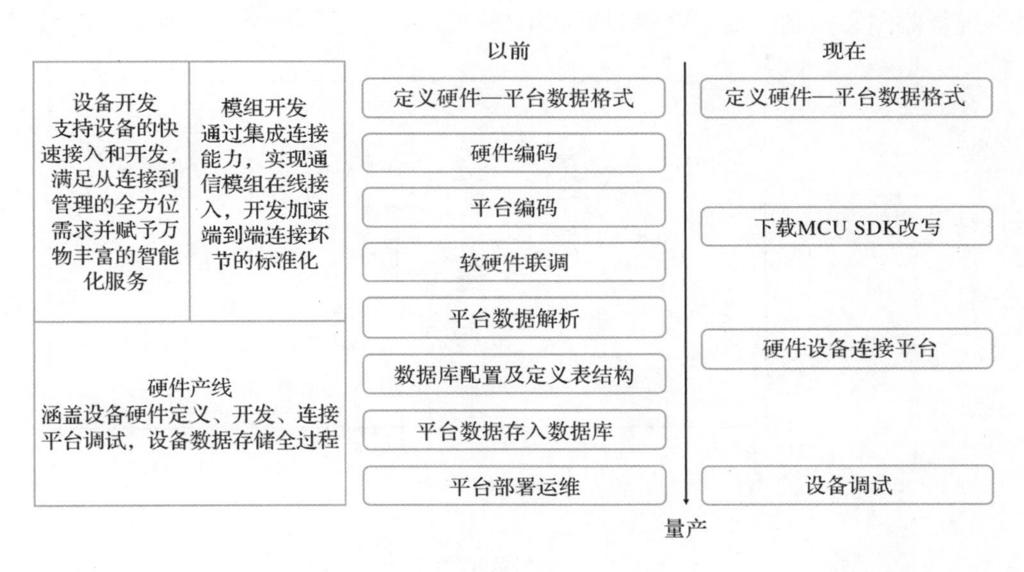

图 1.10　云端融合开发模式

上述云端融合的开发模式,大大降低了系统开发的工作量和开发出现问题的概率。因此,云端融合的开发模式有望成为未来物联网开发的一个新潮流。

物联网架构的主要特征是物联网主干架构的普及和云服务器的广泛使用。从技术层面来讲,就是物联网操作系统功能的日益丰富和物联网平台综合能力的提升。平台能力的综合提升,从某种程度上讲是和物联网操作系统密不可分的,甚至是合为一体的。

1.5　新型物联网应用示例

新型物联网应用示例

传统物联网应用主要基于 RFID、ZigBee、蓝牙和 Wi-Fi 等技术。随着 LoRa 和 NB-IoT 技术的发展和成熟，涌现了一系列新型物联网应用。本节主要介绍基于 LoRa 和 NB-IoT 技术的两类物联网应用。

1.5.1　NB-IoT 充电桩的物联改造

如图 1.11 所示，在原来充电桩中加入一个开发者自行设计的 NB-IoT 传输采集控制模块，其中采集的是当前充电桩使用的电量，而控制的是开闭充电过程。通过相关的 IoT 套件，充电桩的数据能够传输到远端服务器，管理员能够从远端服务器对充电桩进行监测和控制。在后台管理页面中，管理员可以看到每个充电桩的实时数据。

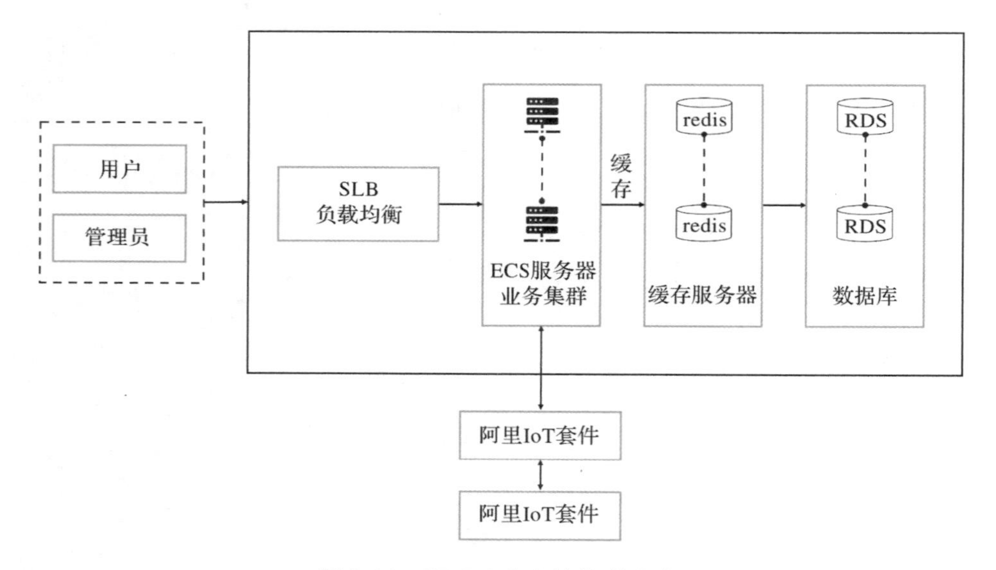

图 1.11　NB-IoT 充电桩物联改造

如果管理者知道某些区域的充电桩用得较多，那么就可以在这个区域加装一些充电桩；如果管理者知道某些区域的充电桩用得较少，则可以优化掉部分充电桩。

1.5.2　NB-IoT 龙井茶溯源

编者利用 NB-IoT 技术实现了杭州龙井茶的溯源。该项目是在茶园里采集龙井茶生长过程中每天的空气、气候、土壤温湿度、土壤养分等数据，通过 NB-IoT 发送到云端，并把茶叶的采摘过程、炒制过程、包装过程以及流通过程中的所有信息通过

NB-IoT 传输到云平台。在云平台中，建立一个用于存储数据的区块链，保证数据上云之后不会被篡改。可见，该项目实际上是利用 NB-IoT 的低功耗传输特性。目前，该项目已经被推广到浙江很多茶园，《中国日报》也对此进行过报道。

1.5.3 物联网水表与云平台

NB-IoT 还可应用于物联网水表和云平台的研发。传统的机械水表的数据无法自动采集和上云。NB-IoT 可用于水表数据传输（包括气表、电表等）。它的优势在于，功耗非常低，射频灵敏度高，而且支持大连接。该物联网水表的改造项目，是在传统水表的基础上加装 NB-IoT 的传输控制模块，将数据传输到物联网平台，然后在平台侧又开发了应用软件、服务外部管理、移动应用等，能够为水表生产商、水务商等提供一系列的支持，也能将数据汇聚到城市大脑，为智慧城市建设提供支撑。

1.5.4 LoRa 的典型应用

第一个典型应用：LoRa 在智慧园区中的应用如图 1.12 所示。开发者通过各种检测传感器把停车检测、井盖有无检测、垃圾箱空满检测、路灯开关状态等信号采集后进行统一管控。LoRa 与 NB-IoT 的不同之处在于，LoRa 可以构建一个 LoRa 网关，再通过该网关把数据发送到云端，然后在云端通过云平台上的软件支持实现上层的应用。

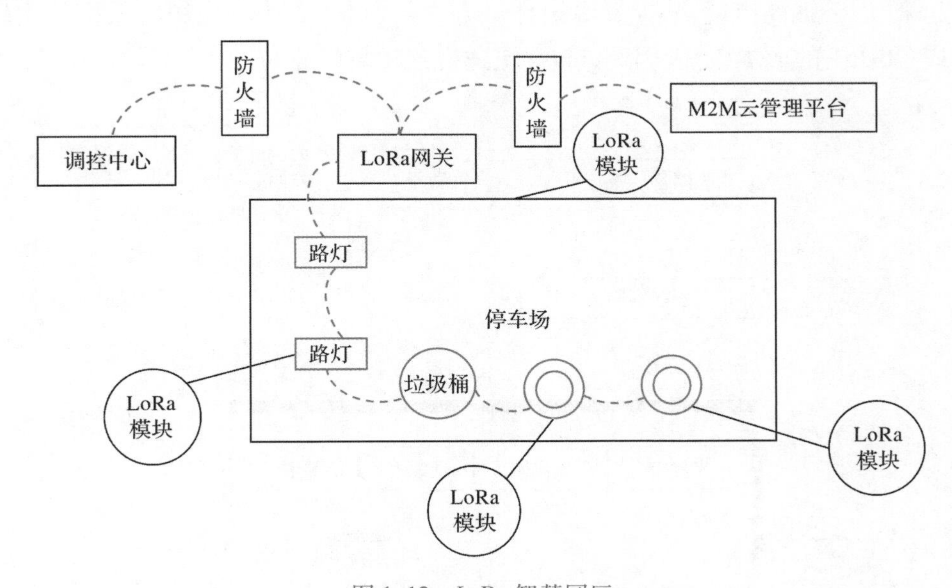

图 1.12 LoRa 智慧园区

第二个典型应用：LoRa 在智慧工业中的应用如图 1.13 所示。在工厂车间里面，机器运行需要实时监控。在工厂制造、自动化生产中，有很多不同类型的传感器和被控设备，这些传感器和被控设备可以通过 LoRa 来进行传输和控制。通过云平台的应用支持，从应用层和数据层做控制处理来实现智慧工业的车间管理。

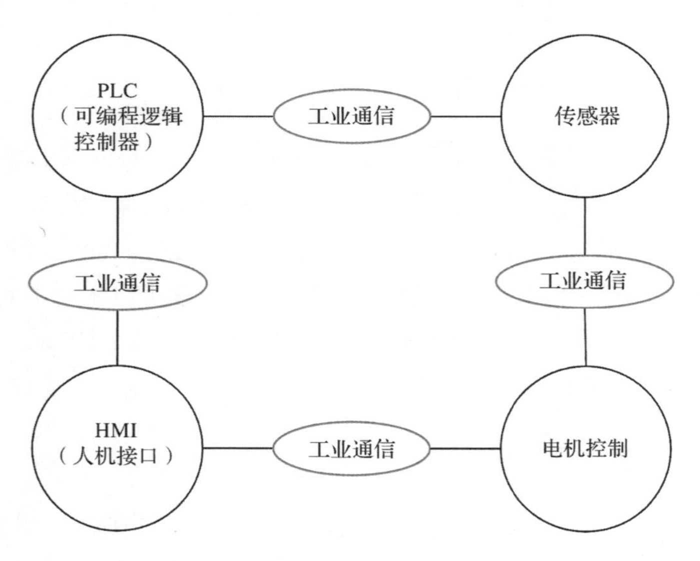

图 1.13　基于 LoRa 的智能工业

第三个典型应用：LoRa 在智慧农业中的应用如图 1.14 所示。在智慧农业背景下，植物生长过程的环境参数，比如温湿度、二氧化碳、盐碱度等信息可以通过传感器收集起来，用于提高产量、减少资源消耗等方面。但是，农业的应用场景中使用蜂窝物联或 NB-IoT 的成本较高，因此，LoRa 更适合这种场景。

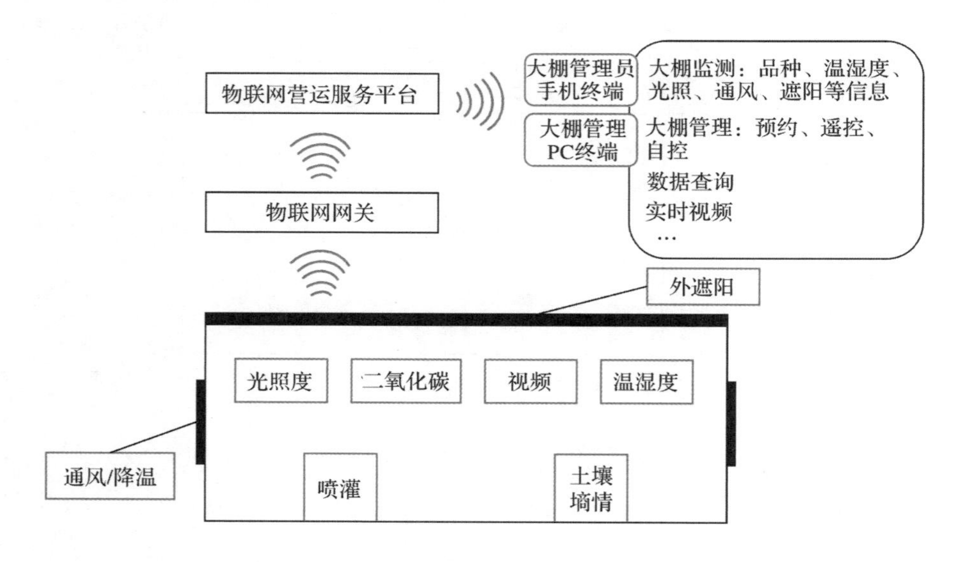

图 1.14　基于 LoRa 的智能农业

1.5.5 两种低功耗广域物联网技术的比较

在LPWA领域存在两大技术阵营:一个阵营主张应用NB-IoT,另一个阵营主张应用LoRa。那么,这两种技术,哪个更好呢?

客观来讲,这两种技术没有绝对的好或者不好,更主要的是适合或不适合。那么,什么样的场景更适合用NB-IoT,什么样的场景更适合用LoRa呢?

综合来看,NB-IoT技术更适合不需要维持人为管理的物联网应用,比如前文所述的智慧水表。因为这些应用的设备数量多、分布广,所有者往往难以管理。而物联网应用如果是在相对集中的区域,如工厂或者农业园区,则使用LoRa技术更有优势。另外,NB-IoT需要向运营商付费,而LoRa不用给运营商付费,但是两者都有维护成本。

第1章 习题

思考题

1. 关于物联网行业的应用方面，举例说明下一阶段可能会被物联网改变的行业是什么？
2. 5G 移动通信中的物联网技术会朝哪个方向发展？
3. 你觉得阻碍物联网行业应用的因素有哪些？

判断题(正确的打“√”，错误的打“×”)

1. 比尔·盖茨最早提出了物联网的概念。（ ）
2. 工业物联网是近几年我国物联网的一个重点发展方向。（ ）
3. 物联网的四个要素是感、联、知、控。（ ）
4. 物联网平台已成为物联网发展的下一个战略要塞。（ ）
5. 物联网操作系统就是运行在嵌入式终端的操作系统，与云平台无关。（ ）
6. 物联网的碎片化是物联网应用开发的一个挑战。（ ）
7. 物联网操作系统的作用只是在技术层面上解决了碎片化问题。（ ）

答案

CHAPTER 2

第 2 章

物联网云平台

物联网技术的发展和应用离不开云技术的支持,许多物联网服务和功能都集成在云平台上。物联网云平台能够快速实现物联网应用的解决方案,已成为物联网架构中的重要环节。本章将详细介绍物联网云平台的功能、应用和发展趋势。

本章的学习要点包括：

1. 了解物联网体系架构；
2. 掌握物联网云平台的层次模型和主要功能；
3. 了解主流的物联网云平台。

2.1 物联网基本架构与云平台

本节主要介绍物联网的四层体系架构和云平台。

物联网综合通信、计算机和控制等,是一种异构融合的网络系统,其体系架构对物联网发展具有极其重要的影响。同时,随着技术的不断创新,以及应用需求的不断提出,各种新技术和应用都在逐渐融入物联网架构中,因此有必要对物联网架构进行深入探讨。

结合信息的流向,以及产业关联对象来梳理物联网架构中的各个层次,可以将物联网架构分为四个层次,分别是感知及控制层、网络层、平台服务层和应用服务层,如图 2.1 所示。

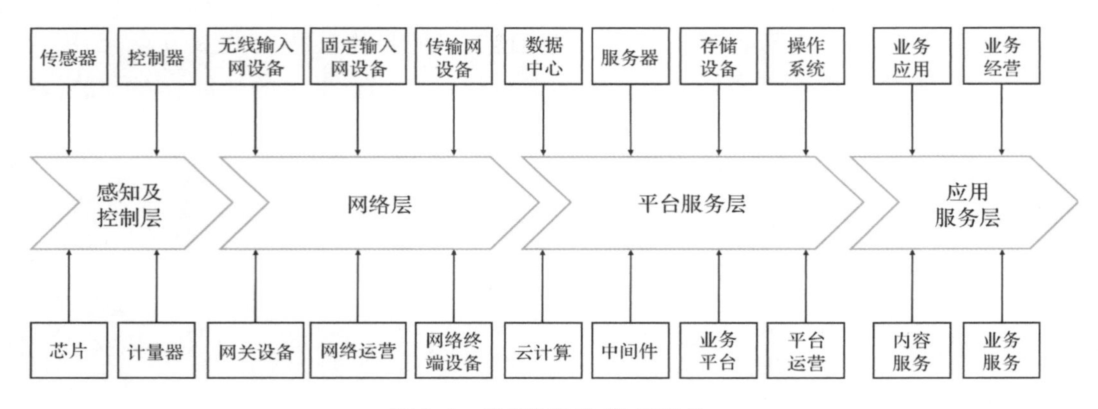

图 2.1 物联网四层体系架构

感知及控制层:通过传感器、计量器等器件获取环境、资产或者运营状态信息,在进行适当处理后,通过传输网关将数据传递出去;同时通过接收网关接收控制指令信息,在本地传递给控制器以达到控制资产、设备及运营的目的。在此层中,感知及控制器的管理、传输与接收网关、本地数据处理是重要技术环节。

网络层:通过公网或者专网,以无线或者有线的通信方式将数据和指令在感知及控制层、平台服务层、应用服务层之间传递。网络层主要由运营商提供的各种广域 IP 通信网络组成,包括 ATM、xDSL、光纤等有线网络,以及 GPRS、3G、4G、5G、NB-IoT 等移动通信网络。

平台服务层:物联网云平台是物联网网络架构和产业链中的关键环节。通过它不仅能实现对终端设备和资产的“管、控、营”一体化,向下连接感知层,向上为应用服务提供商提供应用开发能力和统一接口,还能为各行各业提供通用的服务,如数据路由、数据处理与挖掘、仿真与优化、业务流程和应用整合、通信管理、应用开发、设备维护等服务。

应用服务层:丰富的应用是物联网的最终目标。未来面向政府、企业、消费者三类群体将衍生出多样化的物联网应用,创造出巨大的社会价值。根据企业业务需要,可在平台服务层之上建立相关的物联网应用。例如,城市交通情况的分析与预测,城市资产状态监控与分析,环境状态监控、分析与预警(如风力、雨量、滑坡等),健康状况监测与医疗方案建议等。

在整个物联网体系架构中,物联网云平台处于软硬结合的枢纽位置,因此也被称为物联网的“战略要塞”。起初,在开发物联网应用的过程中,从设备底层到云端应用都由技术人员自行完成,需要相当强大的人员和资源支持,对研发能力和开发时间都是巨大的挑战,这在一定程度上制约了物联网应用的发展。在该背景下,一些企业发现物联网应用在安全、运营和管理等方面存在很多共性需求,加之近年来随着“云化”“平台”和“服务”等理念的普及,人们提出是否能以云服务的方式来为开发者提供平台,将这些功能都集成到云平台,支撑开发者在云平台上快速开发物联网应用系统。物联网云平台应运而生。

物联网云平台使物联网应用解决方案的快速实现成为可能,从开发难度、功能和稳定可靠性等多方面提供了服务保证。云平台的出现,使得企业能够实现应用的快速开发和部署,并能够提高产品的可靠性和可用性。物联网云平台的主要作用如下:

(1)云平台在云计算基础设施上为用户提供软件开发、运行和运营环境等服务,将平台作为一种服务提供给用户,降低了应用提供商的开发成本。

(2)云平台降低了对开发者知识体系的要求,极大地提高了产品开发的敏捷性,使得企业能够实现应用的快速开发和部署。

(3)云平台为应用的完整运行环境和管理机制提供保障,提高了产品的可靠性和可用性。

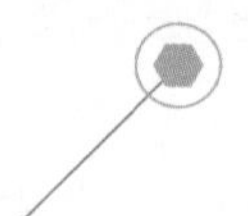

2.2 物联网开放云平台的层次模型

物联网开放应用平台架构,从下到上包括四大层次,即网络层、PaaS 平台能力层、SaaS 业务应用层和展示层。

自 2006 年 8 月 Google 提出“云计算”的概念以来,云计算一直是 IT 领域最热门的话题之一。如图 2.2 所示,云计算提供的三个层次服务是:IaaS,基础设施即服务;PaaS,平台即服务;SaaS,软件即服务。

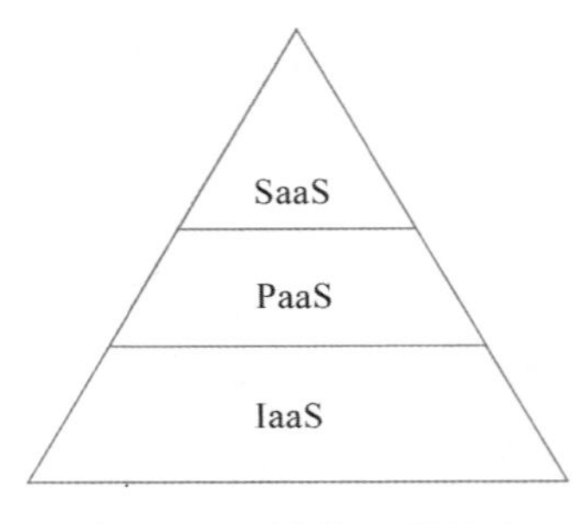

图 2.2　云计算三层结构

PaaS 作为一个软件研发、运行和运营平台，主要具备以下三个特点。

(1) 基础平台：PaaS 区别于 IaaS 和 SaaS 的最主要的特点是，PaaS 提供的是一个基础平台。从传统意义上讲，平台是由应用提供商搭建和维护的，是应用系统部署的基础。而 PaaS 把平台包装成服务，提供给应用提供商，降低了应用提供商的开发成本。

(2) 技术支持服务：除基础平台之外，PaaS 服务提供商还提供了云平台的技术支持，甚至包括对应用系统开发、优化等服务。PaaS 提供的技术支持为之后的应用系统长期、稳定运行提供了技术保障。

(3) 平台即服务：PaaS 提供的服务还包括抽象出的元素模型和大量的可编程接口。具体地，PaaS 提供了一种框架，开发人员可以基于该框架进行构建，从而开发或自定义基于云的应用程序。就像 Microsoft Excel 宏一样，PaaS 使开发人员能够使用内置软件组件创建应用程序。PaaS 为用户提供弹性服务支持，真正实现资源的动态伸缩、统一运维，从而提供更好的平台服务。

物联网开放应用平台架构的一个典型案例包括以下四个层次，如图 2.3 所示。

(1) 网络层：作为物联网设备的接入层，是实现万物互联的关键，可通过无线网络接入，有线网络接入或总线方式接入等。

(2) PaaS 平台能力层：作为物联网开放平台的核心组成部分，可提供应用开发、能力开放、运营管理等功能。按照层次可划分为 IaaS 基础设施层、基础数据服务层、平台能力服务层以及 Web 统一门户层。

平台能力层包括数据中心，应用开发、测试及运行环境，原子服务中心（能力中心），业务中间件，能力开放 API，开发社区以及安全管理和运营管理等。

①数据中心：包含数据采集、数据存储、数据分发、数据分析等功能。

②应用开发、测试及运行环境：主要包括各种开发环境（如业务、门户、终端、App 等）、测试工具、测试管理及各种开发语言环境和知识库。

③原子服务中心（能力中心）：主要包括各种基础能力和第三方能力，如数据采集存储和处理能力、计费能力、短彩信能力、位置能力、二维码能力、视频能力以及终端管理能力等。

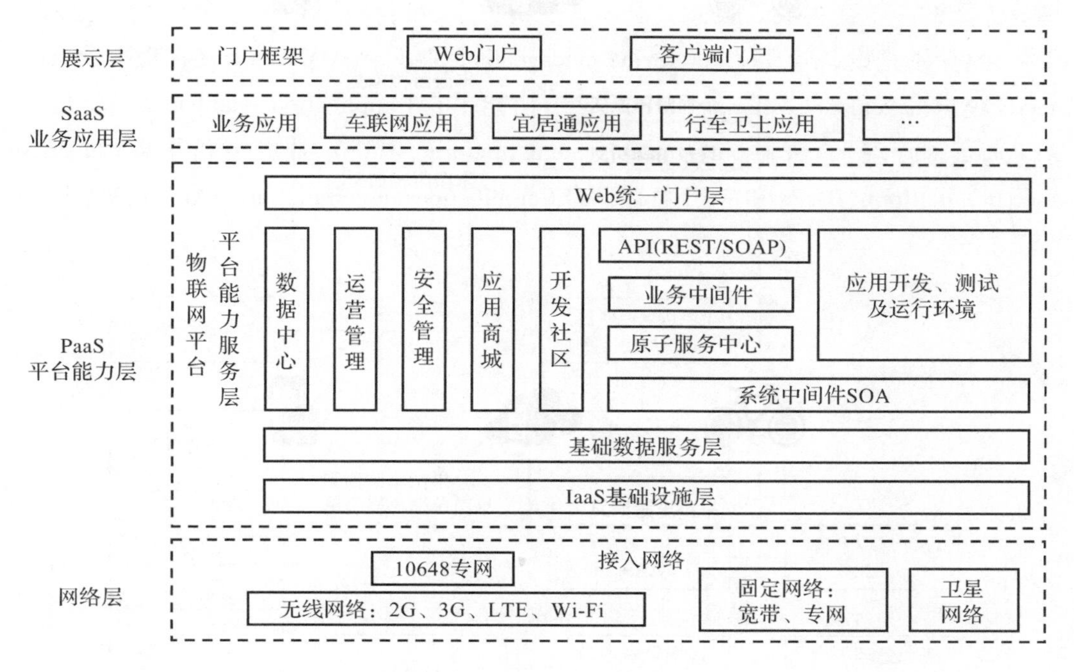

图 2.3　物联网开放平台功能层次模型

④业务中间件:主要向业务应用提供业务调用 API 接口。

⑤能力开放 API:主要实现从第三方能力平台的能力引入以及向外部业务平台的能力输出。

⑥开发社区:面向开发者提供技术交流、信息发布、测试管理等交流平台。

⑦安全管理和运营管理:主要实现账号、权限、系统配置,订购关系管理、产品管理以及系统运维等功能。

(3)SaaS 业务应用层:为开放平台的第三方物联网业务对象服务,涵盖自有业务应用和第三方业务应用等。

(4)展示层:为业务应用提供的展示门户框架,包括 Web 门户和客户端门户两种形式。

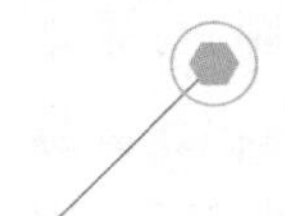

物联网云平台的主要功能

2.3　物联网云平台的主要功能

物联网开放平台主要面向物联网领域中的个人/团队开发者、终端设备商、系统集成商、应用提供商、能力提供商、个人/家庭/中小企业用户,提供开放的物联网应用(终端/平台)快速开发、应用部署、能力开放、营销渠道、计费结算、订购使用、运营管

理等方面的一整套集成云服务。根据其逻辑关系,可将物联网开放平台划分为六大子平台,分别是设备管理平台(device management platform,DMP)、连接管理平台(connectivity management platform,CMP)、应用使能平台(application enablement platform,AEP)、资源管理平台(resource management platform,RMP)、业务分析平台(business analytics platform,BAP)和应用中心平台(application center platform,ACP),如图2.4所示。

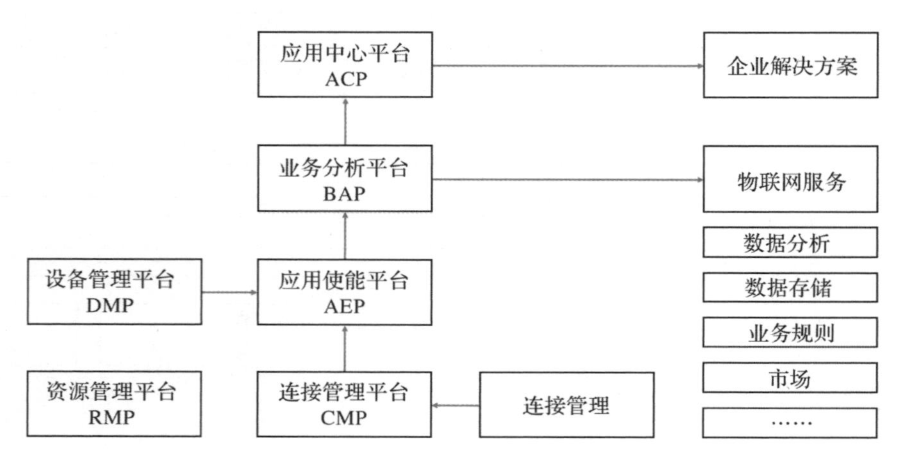

图2.4　物联网开放平台逻辑架构

2.3.1　设备管理平台(DMP)

DMP实现对物联网终端的远程监控、设置调整、软件升级、系统升级、故障排查、生命周期管理等功能,同时可实时提供网关和应用状态监控、告警、反馈,为预先处理故障提供支撑,提高客户满意度。开放的API调用接口能帮助客户轻松地进行系统集成和增值功能开发,并且所有设备的数据均可以存储在云端。DMP一般集成在整套端到端M2M(machine to machine)设备管理的解决方案中。解决方案提供商联合合作伙伴,提供通信网关、通信模块、传感器、设备管理云平台和设备连接软件,并开放接口给上层应用开发商,提供端到端的解决方案。大部分DMP提供商本身也是通信模组、通信设备的提供商。如DiGi、Bosch等,本身拥有连接设备、通信模组、网关等产品和设备管理平台,因此能帮助企业实现设备管理的整套解决方案。一般DMP部署在整套设备管理解决方案中,整体报价收费,也有少量单独提供设备管理云端服务的厂商,每台设备每个月收取一定的运营管理费用。

2.3.2　连接管理平台(CMP)

CMP一般应用于运营商网络,实现对物联网连接配置和故障管理,保证终端联网通道稳定,并实现网络资源用量管理、连接资费管理、账单管理、套餐变更和号码/IP

地址/MAC资源管理，能更好地帮助移动运营商做好物联网SIM卡的管理工作。运营商客户还可以自主进行SIM卡管控，自主查看账单。对于移动运营商来说，物联网应用具有连接数量大、SIM卡使用量大、管理工作量大、应用场景复杂、灵活的资费套餐、较低的用户平均收入值、对成本管理要求高等特点。通过CMP能够全面了解物联网终端的通信连接状态、服务开通及套餐订购等情况；能够查询其拥有的物联网终端的流量使用、余额等情况；能够自助进行部分故障的定位及修复；能够根据用户的配置，推送相应的告警信息，便于用户更加灵活地控制其终端的流量使用、状态变更等。CMP与移动运营商网络连接，帮助运营商管理物联网M2M。CMP供应商参与运营商物联网移动收入分成。使用移动网络(2G/3G/4G/5G/NB-IoT)更加需要合理地控制流量，在多用户时分割账单以及动态实时监控使用状态和成本。这些问题促使CMP与移动运营商合作。考虑到跨国大企业与CMP对接时，更希望有一点接入、全球通用等需求，因此具有全球化优势的CMP在服务大型企业中更加具有竞争力。

2.3.3 应用使能平台(AEP)

AEP是提供应用开发和统一数据存储两大功能的PaaS平台。具体来看，AEP具体功能包括提供成套应用开发工具(大部分能提供图形化开发工具，甚至不需要开发者编写代码)、中间件、数据存储功能、业务逻辑引擎、对接第三方系统API等。物联网应用开发者可以在AEP上快速开发、部署、管理应用，无须考虑下层基础设施扩展、数据管理和归集、通信协议、通信安全等问题，可以降低开发成本、大大缩短开发时间。AEP能够方便上层应用灵活扩展，即使企业M2M管理规模迅猛增加，也无须担心底层资源跟不上连接设备的扩展速度。据Aeris公司测算，开发者使用AEP开发应用，可以节省70%的时间，使应用更快地推向市场，同时为企业节省雇用底层架构技术人员的费用。

2.3.4 资源管理平台(RMP)

RMP包含执行环境和运行控制台。根据部署地点不同，执行环境可分为托管式和入驻式两种。托管式执行环境通过云计算资源池提供应用托管及运行环境，并根据应用托管的资源需求，分配虚拟计算、存储和网络资源；入驻式执行环境部署在企业内部，为入驻式企业应用提供业务流程和Web门户的运行容器。

运行控制台对云平台的资源池、执行环境以及运行于执行环境中的应用提供管理、监控、统计分析等服务。

2.3.5 应用中心平台(ACP)

ACP为物联网产品提供上架、销售、计费、结算、支持、物流、客服等服务，是互联网化的电子营销渠道，支持 B-B-C(business business customer)、C-B-C(customer business customer)、C-B-B(customer business business)、B-B(business business)、B-C(business customer)等多种模式。

ACP 是物联网产品的统一汇聚门户，支持产品现场交互式体验，形成“产品远程发布+现场自助体验”相结合的发布管理模式。ACP 可以加快产品推向市场的进度，降低产品渠道推广的成本，便于加强物联网生态协作和资源共享。

2.3.6 业务分析平台(BAP)

BAP 包含基础大数据分析服务和机器学习两大功能。

(1)大数据分析服务：平台集合各类相关数据后，进行分类处理、分析并提供视觉化数据分析结果(如图标、仪表盘、数据报告等)，通过实时动态分析，监控设备状态并予以预警。

(2)机器学习：通过对历史数据(结构化和非结构化的数据)进行训练，生成预测模型，或者客户根据平台提供的工具自己开发模型，满足预测性的、认知的或者复杂的分析业务逻辑。

未来物联网平台上的机器学习将向人工智能过渡。比如，IBM Watson 拥有 IBM 独特的 DeepQA 系统，这一结合了神经元系统、模拟人脑思考方式总结出来的强大的问答系统，可帮助企业解决更多的商业问题。

2.4 主流物联网云平台

本节主要介绍亚马逊 AWS IoT 平台、阿里云物联网平台 Link Platform 和中国移动 OneNET 平台、百度物接入 IoT Hub 平台以及物联网云平台发展趋势。

2.4.1 主流物联网云平台的介绍

1. AWS IoT 平台

该平台可在连接了互联网的设备(如传感器、制动器、嵌入式微控制器或智能设备等)与 AWS 云之间提供安全的双向通信，并使云中的应用程序能够与连接了互联网的设备进行交互。这样，用户不仅能从多台设备收集遥测数据，然后存储和分析数据，还可以创建应用程序来通过手机或平板电脑控制这些设备。

AWS IoT 包括设备网关、消息代理、规则引擎、安全和身份服务、Device Shadow 服务等组件。

(1)设备网关:负责使设备能够安全高效地与 AWS IoT 进行通信。

(2)消息代理:负责提供安全机制以供设备和 AWS IoT 应用程序相互发布和接收消息。

(3)规则引擎:负责提供消息处理及与其他 AWS 服务进行集成的功能。用户可以使用基于 SQL 的语言,选择消息 payload 中的数据,然后处理数据并将数据发送到其他服务,如 Amazon Simple Storage、Amazon DynamoDB 和 AWS Lambda。用户还可以使用消息代理面向其他订阅者重新发布消息。

(4)安全和身份服务:在 AWS 云中负责安全责任。为了安全地将数据发送到消息代理,必须确保设备自身凭证的安全以及消息代理和规则引擎发送数据到设备或其他 AWS 服务过程的安全。

(5)Device Shadow 服务:Device Shadow 是一种 JSON 文档,用于存储和检索设备的当前状态信息。Device Shadow 服务负责在 AWS 云中提供设备的永久性表示形式。用户可以向设备的影子发布更新后的状态信息。设备在建立连接时实现状态同步,还可以将有关其状态的信息发布到影子,以供应用程序或其他设备使用。

AWS IoT 平台的成功应用案例如下:

(1)艾拉物联:通过使用 AWS 服务,艾拉物联无须投资传统数据中心便可提供企业级服务。在 AWS 的支持下,艾拉物联将全球的服务都整合到一个云平台上,以最小的成本开拓了国际业务,使得各地都可以使用同样的开发及运维工具。

(2)涂鸦智能:AWS 云服务安全、稳定、可扩展以及覆盖全球的特性加快了涂鸦业务的全球化部署,为保证涂鸦客户和合作伙伴能够享受到本地化的服务体验提供了坚实保障。

(3)Sengled 生迪:AWS 云平台使得 Sengled 生迪能够简化运维、节省人力和资源成本,同时可以灵活地扩展应用系统。AWS 提供的丰富功能,使运维工程师不必研究学习传统的运维工具和方法,就可以建立起一套完整的、可靠的交付系统和运维平台。

2. 阿里云物联网平台 Link Platform

该平台是阿里云针对物联网领域开发人员推出的一款设备管理平台。高性能 IoT Hub 实现设备与云端稳定通信,全球多节点部署特性能有效降低通信延时,多重防护能力保障设备云端安全。此外,物联网平台还提供丰富的设备管理功能、稳定可靠的数据存储能力以及规则引擎。使用规则引擎,用户仅需在 Web 上配置简单规则,即可将设备数据转发至阿里云其他产品,获得数据采集、数据计算、数据存储的全栈服务,真正实现物联网应用的灵活快速搭建。

阿里云物联网平台包括 IoT SDK、边缘计算、IoT Hub、数据分析、设备管理、数据流转、安全认证和权限策略等组件。

（1）IoT SDK：物联网平台提供 IoT SDK，设备集成 SDK 后，即可安全接入物联网平台，使用设备管理、数据分析、数据流转等功能。

（2）边缘计算：边缘计算能力允许在最靠近设备的地方构建边缘计算节点，过滤清洗设备数据，并将初步分析处理后的数据上传至云平台。

（3）IoT Hub：IoT Hub 帮助设备连接阿里云物联网平台服务，是设备与云端安全通信的数据通道。IoT Hub 支持 PUB/SUB 与 RRPC 两种通信方式，其中 PUB/SUB 是基于 Topic 进行的消息路由。

（4）数据分析：数据分析服务包括流数据分析和空间可视化。流数据分析用于设置数据处理任务，空间可视化可以将设备数据在二维地图或三维模型上展示出来。

（5）设备管理：物联网平台提供功能丰富的设备管理服务，包括生命周期、设备分组、设备影子、物模型、数据解析、数据存储、在线调试、固件升级、远程配置、实时监控等。

（6）数据流转：当设备基于 Topic 进行通信时，可以编写 SQL 对 Topic 中的数据进行处理，然后配置转发规则将数据转发到其他 Topic 或阿里云服务器上进行存储和处理。

（7）安全认证和权限策略：安全是 IoT 的重要话题，阿里云物联网平台能提供多重防护、保障设备云端安全。

阿里云物联网平台的成功应用案例如下：

（1）24 小时 ATM 式自助售药机：支持用户线下 24 小时到店扫码付款，当场取货。线上平台下单，骑手限时送达。同时提供完备的商户后台管理，可以进行订单管理、货道管理与财务管理。

（2）仓库猫：用于解决仓库的科学监测、信息化、网络化管理等问题。它可以做到防火监测、防盗监测、防水监测、防潮监测，能够帮助企业快速搭建店铺的监测系统、报警系统、云存储系统。

3. 中国移动 OneNET 平台

该平台定位为 PaaS 服务，即在物联网应用和真实设备之间搭建高效、稳定、安全的应用平台。具体地，该平台面向设备，适配多种网络环境和常见传输协议，提供各类硬件终端的快速接入方案和设备管理服务；该平台面向企业应用，提供丰富的 API 和数据分发能力以满足各行业应用系统的开发需求，使物联网企业可以更加专注于自身应用的开发，不用将工作重心放在设备接入层的环境搭建上，从而缩短物联网系统的形成周期，降低企业研发和运维成本。OneNET 包括设备接入、设备管理、API、HTTP 推送、消息队列 MQ、安全认证等组件。

（1）设备接入：OneNET 提供安全稳定的设备接入服务，支持包括 LWM2M（CoAP）、MQTT、Modbus、HTTP、TCP 等在内的多种协议。

(2)设备管理:OneNET 平台针对不同的使用场景,提供包括生命周期管理、在线状态监测、在线调试、数据管理等功能在内的设备管理功能。

(3)API:OneNET 提供开放的、丰富的、基于 HTTP/HTTPs 的 API 接口,用户可以使用 API 进行设备管理、数据查询、设备命令交互等操作。在 API 的基础上,可根据自己的个性化需求搭建上层应用。

(4)HTTP 推送:针对某些实时性要求较高的场景,OneNET 提供数据推送功能,可以过滤设备端频繁的周期性上报数据,将用户关心的实时性较高的数据,通过 HTTP/HTTPs 的方式推送到用户的应用服务器上。

(5)消息队列 MQ:消息队列 MQ 是为实现应用层快速可靠获取设备消息而推出的消息中间件服务。用户可以自定义消息生产者的消息类型,例如设备数据点、设备生命周期事件等。用户应用层可以作为消息消费者与服务建立长连接进行消息消费。

(6)安全认证:OneNET 提供用户资源访问安全认证机制,提供产品级以及设备级的不同粒度的密钥,并支持用户自定义密钥访问权限,最大限度地保证用户设备以及应用层接入的安全性。

OneNET 平台的成功应用案例如下:

(1)"电车卫士"项目:该项目是郑州市 2018 年十大民生工程之一,是基于 OneNET 平台的 NB-IoT 定位终端技术。它解决了郑州市 300 万辆电动自行车的安全难题,具有防盗追踪、防火预警、摔倒监测、防拆报警、违章监控等功能,助力智慧交通,维护交通安全。

(2)火灾智能探测报警系统:2017 年 10 月,杭州移动在浙江省杭州市江干区笕桥街道,以独居空巢老人居所为试点,在全国首推基于 NB-IoT 的互联式初期火灾智能探测报警系统。

4. 百度物接入 IoT Hub 平台

该平台面向物联网领域开发者提供全托管云服务。通过主流的物联网协议(如 MQTT),可以在智能设备与云端之间建立安全的双向连接,快速实现物联网项目开发。物接入分为设备型和数据型两种类型。设备型适用于基于设备的物联网场景,数据型适用于基于数据流的物联网场景。用户可以利用物接入来作为搭建物联网应用的第一步,支持亿级并发连接和消息数,支持海量设备与云端安全可靠的双向连接,无缝对接天工平台和百度智能云的各项产品和服务。

IoT Hub 平台提供如下组件:

(1)安全可靠的双向连接:物接入服务是全托管的服务,用户可以快速创建物联网服务的实例并安全可靠地连接设备与云端,而不用为运维操心。

(2)认证与授权:提供设备级别的认证,以及基于策略的授权,授予控制设备对特定主题的读写等权限，保障物联网应用的安全。

(3)支持主流物联网协议：MQTT 是标准物联网协议，用户可以使用丰富的 MQTT 客户端，使用熟悉的编程语言以及设备平台来开发物联网项目。

(4)基于影子的设备管理：设备在云端的影子，可实时反应设备的当前状态，实现监控、告警、可视化及设备反控等场景。

IoT Hub 平台的成功应用案例如下：

(1)从容信息科技：基于天工物接入服务，支持数据安全、稳定传输，实现人与人、人与设备、设备与设备的全面联网和数据交互，打通管理、维保、设备运行数据之间的通道。同时还支持设备广泛接入，支持快速云端接入，减少实施成本，按需计费，最大限度地降低企业的投资成本。

(2)迹客科技：迹客哨兵 Wi-Fi DTU 物联网模块与天工物接入服务建立 SSL 连接，原生支持 MQTT 协议和离线数据上传，保障安全的数据传输和高质量的 QoS。同时，天工物接入服务解决了广泛部署的迹客哨兵 Wi-Fi DTU 物联网模块高并发数据上传问题，云端数据处理时延从分钟级提高到了秒级。

2.4.2 物联网云平台的发展趋势

1. 边缘计算

云平台的核心能力大多基于数据中心的计算能力，但在万物互联的时代该能力需要无缝延展到更靠近端的边缘计算上。IDC 数据显示，到 2025 年将拥有超过 1500 亿的终端与设备联网。不断增长的数据量和行业数字化在敏捷连接、实时业务、智能应用以及数据的安全保护等方面的需求催生了边缘计算，未来超过 50% 的数据都需要在网络边缘侧分析、处理和存储，市场规模巨大。

2. 数据管理与计算服务

伴随着物联网时代到来的不只是百亿级的终端设备，更是数据洪流。因此，从互联阶段迈入智能物联阶段，需要做的是将这些数据更进一步地收集、分类、处理。数据的管理与计算分析能力无疑将会是物联网平台竞争的差异化所在，例如数据清洗服务、深度学习、人工智能等。

3. 安全服务

物联网涉及多领域、多行业。广域范围的海量数据处理和业务控制策略在安全性、可靠性方面面临巨大挑战。特别是业务控制、管理和认证机制，信息安全和隐私保护，以及大数据处理等安全问题显得尤为突出。

第2章 习题

思考题

1. 各家物联网平台包含了六大子平台中的哪些功能？
2. 各家物联网平台从功能上看，具有哪些异同点，分别具有哪些优势？

判断题（正确的打"√"，错误的打"×"）

1. 连接管理平台 CMP 能够帮助用户管理物联网 SIM 卡，同时还可以查询终端的通信连接状态以及流量使用情况等。 （ ）
2. 各大公司推出的物联网平台在功能上均完全一致，例如阿里云物联网平台 Link Platform 与百度物接入 IoT Hub 平台。 （ ）
3. 目前，物联网云平台以设备管理和连接管理功能为主，但伴随着数据洪流的到来，物联网平台的长期竞争优势将是围绕数据的，更进一步地收集、分类、处理以及分析等服务。 （ ）

答案

CHAPTER 3

第 3 章

智慧小屋整体介绍

智能家居一直是学术界和工业界关注的物联网热点应用之一,它的实现为人们的日常生活提供了极大的便利。本章通过将物联网的应用解决方案落实到一个具体的智能家居场景中,让读者可以直观地看到数据的采集过程,跟踪信息流的迁移,清楚地了解控制逻辑的构架,从而对物联网应用开发有一个初步的了解。

本章的学习要点包括:

1. 掌握智慧小屋的整体框架及其所包含的传感器、执行机构和控制电路;
2. 了解一个典型物联网系统的工作流程。

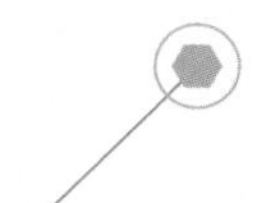

3.1 智慧小屋的整体框架

为了配合课程教学，编者搭建了一个物联网智慧小屋的模型如图3.1所示。其中包括家居所需的常用设施，比如空调、换气扇、水泵、可调光以及调色的LED灯；使用的传感器有室内温湿度传感器、室外温湿度传感器、PM2.5传感器、可燃气体传感器、土壤湿度传感器、光敏传感器。

小屋的整体框架

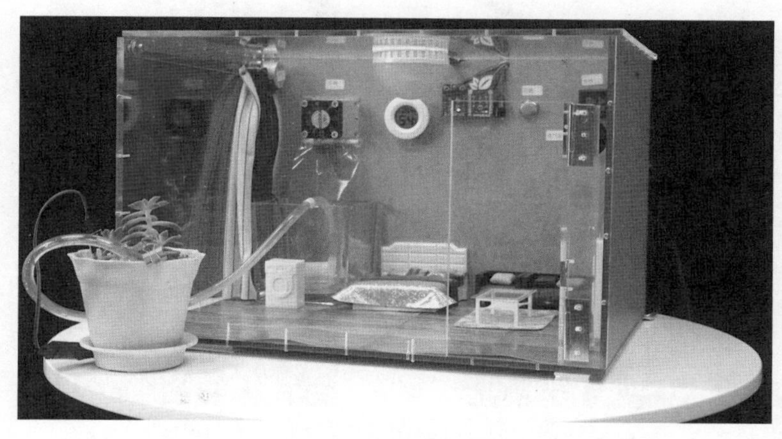

图3.1 智慧小屋模型

具体的实验器件如表3.1所示，接下来本书将介绍各个部件在系统中的位置及其发挥的作用。首先介绍传感器和执行机构。

表3.1 传感器和执行器

传感器		执行器	
序号	名称	序号	名称
1	室内温湿度传感器	1	空调
2	土壤湿度传感器	2	换气扇
3	可燃气体传感器	3	蜂鸣器
4	PM2.5传感器	4	水泵
5	光敏传感器	5	步进电机(窗帘)
		6	LED灯

3.1.1 传感器及其功能介绍

温湿度传感器:在智慧小屋中,使用了两个温湿度传感器。一个是用于监测室外温度的传感器,它的测量值仅用于状态显示,不向云平台发送该测量数据。另一个是用于监控室内温度的传感器,这个传感器产生的数据将被 Arduino 采集,并在室内温度过高时启动空调制冷。温湿度传感器如图 3.2 所示。

PM2.5 传感器:PM2.5 传感器会监测空气的质量,能够在 PM2.5 数值超过给定阈值时,向上位机发送信息,进而控制智慧小屋开启换气扇通风换气。PM2.5 传感器如图 3.3 所示。

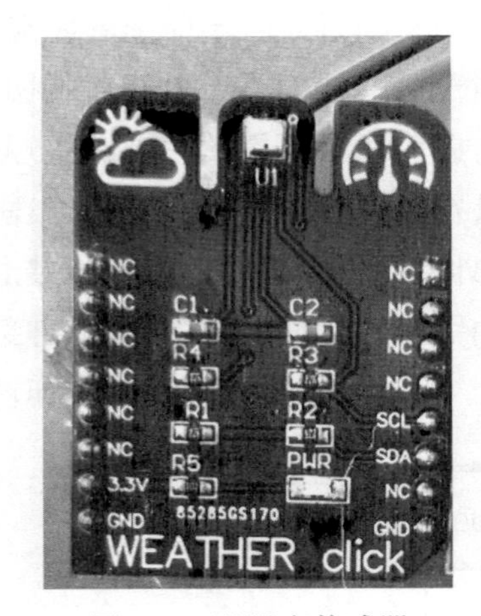

图 3.2 温湿度传感器

图 3.3 PM2.5 传感器

可燃气体传感器:可燃气体传感器用于监控室内可燃气体的数量,即监控燃气是否泄漏。在超过一定阈值后,通过上位机控制蜂鸣器报警,并将报警事件上报云端,同时开启换气扇通风换气。可燃气体传感器如图 3.4 所示。

土壤湿度传感器:土壤湿度传感器用于监测土壤的湿度状态。在土壤的湿度值过小时,通过上位机启动水泵,对植物进行灌溉作业。土壤湿度传感器如图 3.5 所示。

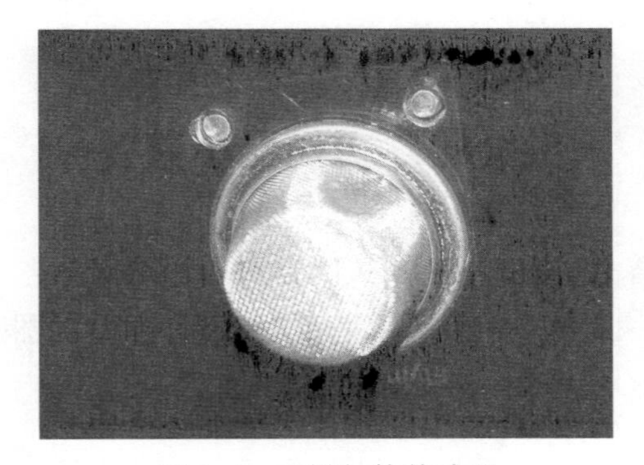

图 3.4 可燃气体传感器

图 3.5 土壤湿度传感器

光敏传感器:光敏传感器用于对外界光的强度进行检测。检测结果将会用于窗帘电机开启或者 LED 灯的开关。光敏传感器如图 3.6 所示。

图 3.6　光敏传感器

3.1.2　智慧小屋的执行结构

本小节介绍智慧小屋中的执行机构及其作用。

空调:智慧小屋采用了半导体制冷器来实现小屋的空调功能,运行功率大约为70W,能够满足整个小屋范围的降温需求。空调实物如图 3.7 所示。

换气扇:与 PM2.5 以及可燃气体报警相关,主要用于换气。换气扇实物如图 3.8 所示。

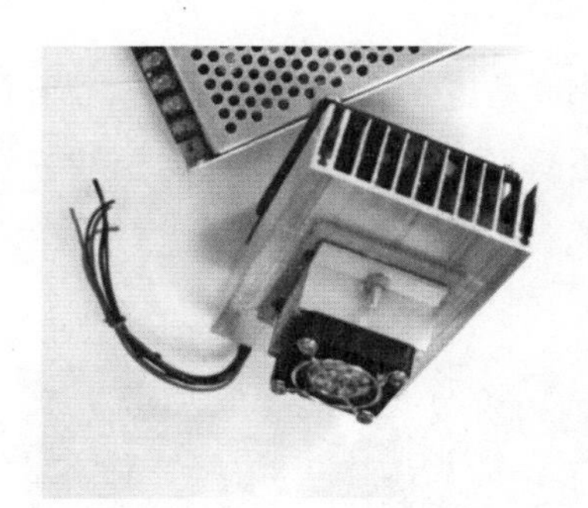

图 3.7　空调

图 3.8　换气扇

蜂鸣器:除了报警功能外,蜂鸣器在智慧小屋中还设定了其他相关含义。例如,响一声表示上电,响两声表示联网,响三声表示连接到云端成功,只有连接成功后才能正常执行传感器逻辑。

水泵:在土壤的湿度数值过小时,用于灌溉植物。水泵实物如图 3.9 所示。

窗帘电机:在智慧小屋里,为了控制窗帘的开合,采用步进电机来实现,可以根据需求控制开启的幅度。窗帘电机实物如图 3.10 所示。

LED 灯:拥有三路独立的红、绿、蓝 LED 灯,可以通过脉宽调制方式(pulse width modulation,PWM)对每一路 LED 灯独立调光,并合成不同色彩。

图 3.9　水泵

图 3.10　窗帘电机

3.1.3　控制电路

有了传感器和执行机构作为底层硬件的支撑,智慧小屋具备了基本的“身躯”,但还缺少一个“大脑”作为处理中心。本书选用 Arduino 作为控制主体,负责传感数据的采集、传输、控制指令的下发等功能。采用 Arduino 作为控制平台,是考虑到 Arduino 具有成本低、扩展板资源丰富、软件使用容易上手等优点。使用 Arduino 可以让读者更关注物联网的实现方式,而不需要特别关注控制硬件的细节,有利于更快地完成项目。在物联网的实际应用中,Arduino 被越来越多的软件开发者用来实现物联网原型的制作。Arduino 实物如图 3.11 所示。

图 3.12 为整个系统的电路连接实物。最下面的是电源部分,右侧是空调,中间是驱动板,左上是 Wi-Fi 模块,左下是 Arduino 板,还有两块小板是传感器模块。下面详细介绍智慧小屋的基本构架、传感器、控制驱动板。

图 3.11　Arduino 实物

图 3.12　系统电路实物

3.2　智慧小屋的系统架构解析

第 1 章介绍了物联网的体系分成应用层、平台层、网络层和感知层,也就是我们

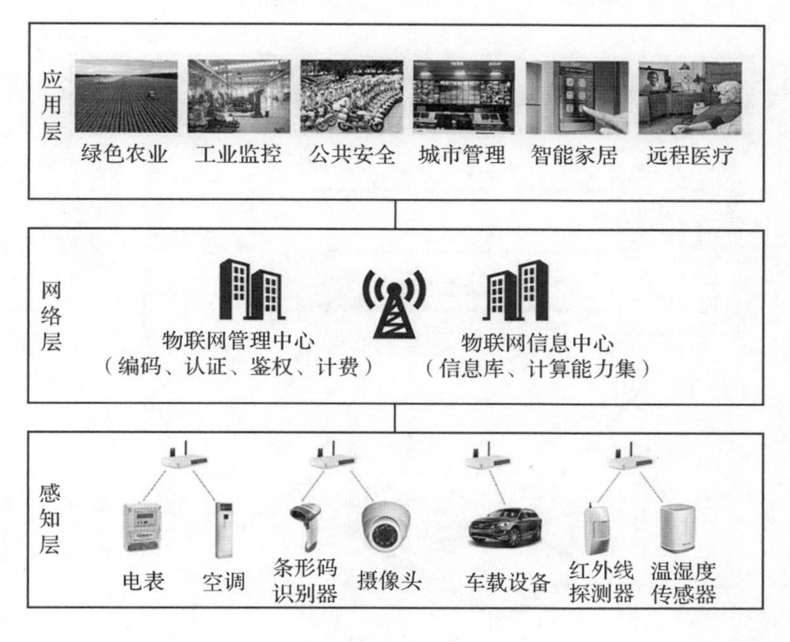

图 3.13　物联网体系架构

常说的云、管、端三个方面，如图 3.13 所示。

在智慧小屋场景中，应用层使用 Web 端应用和移动 App，平台层采用阿里云的物联网平台，网络层和感知层使用 Wi-Fi 模块、Arduino 和传感器模块来实现。

智慧小屋的系统架构解析

对照图 3.13，智慧小屋所处的层次为最下面两层，即网络层和感知层。

目前，许多类型的传感器对于开发者来说是相通的，与单片机、树莓派、Arduino 的接口也是固定的，一般包括 IIC 和 SPI 接口。如果传感器信号是模拟量，那么一般需要采用内置的模数转换器（analog to digital converter，ADC）来读取信号的数据。

网络层通常采用通信模块来实现。由于单个物联网设备传输的数据量不大，所以通信在底层端大多采用串口转 Wi-Fi 或者是串口转其他网络构架的形式来完成。

对照图 3.13，可以看到搭建的智慧小屋系统具有的层次覆盖了典型物联网系统架构的所有层次。那么是不是大部分的物联网项目都是类似的架构？答案为是。大部分的物联网应用基本架构都是类似的，不同的只是表现形式，以及对数据的处理方式。下一节将以共享单车应用为例介绍具体的工作流程。

3.2.1　共享单车的工作流程

共享单车的工作流程如图 3.14 所示。共享单车在校园里随处可见，作为一种低碳环保的绿色出行方式，给人们的出行带来了便利。

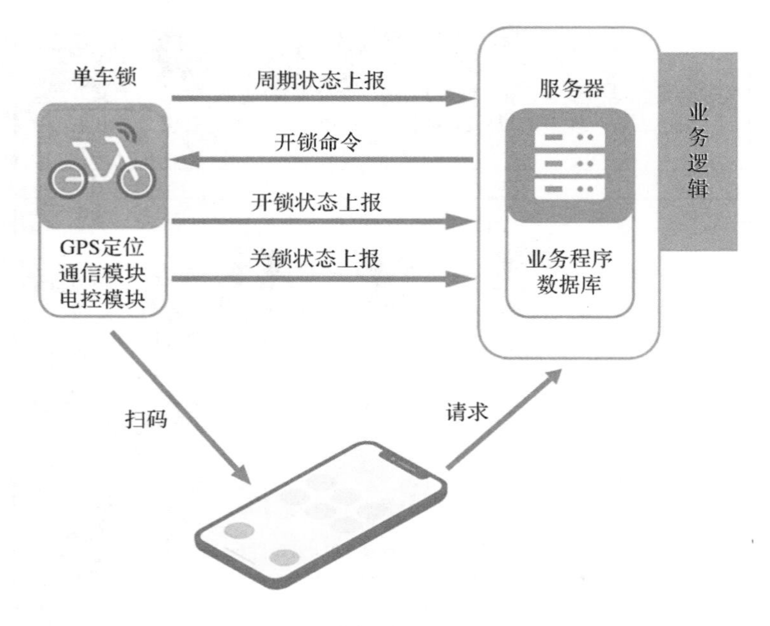

图 3.14　共享单车的工作流程

共享单车的技术实现,主要包括以下几个主要角色:

(1)单车上的智能锁(内有 GPS 定位模块、GPRS 通信模块、主控芯片、电控锁模块等,是共享单车系统的核心)。

(2)用户的手机 App(用于扫码、定位等)。

(3)单车设备提供商的云服务器(云平台)。

共享单车系统的工作流程:

(1)单车停放在路边,通过 GPS 定位模块,定期将定位信息告知单车设备提供商的云服务器。

(2)用户通过手机 App,访问云服务器的数据,查看周边的单车停放位置信息。与此同时,用户自己的位置信息也授权 App 获取。

(3)用户扫描单车的二维码,App 获取单车 ID(身份编号),发送开锁请求给云服务器,云服务器发送开锁命令给单车。

(4)如果一切正常,单车通过 GPRS 通信模块收到解锁命令后,就会由主控模块控制车锁进行解锁。用户也会收到解锁成功的消息,并进入计费状态。

(5)用户开始骑行,骑行服务如图 3.15 所示。

(6)骑行结束。用户下车,拨动车锁,进行锁车。单车检测到锁车成功动作后,发送车已锁好的信息给云服务器。云服务器结束计费,发送计费信息和车已锁好的信息给用户。用户打开手机 App,可以查看即时状态,如图 3.16 所示。

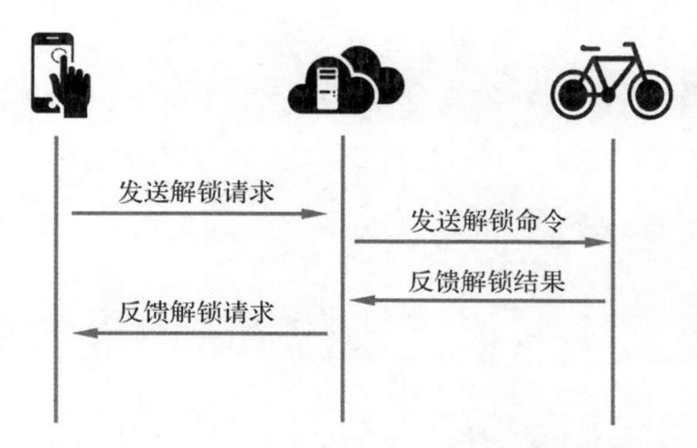

图 3.15　共享单车骑行开始的服务流程

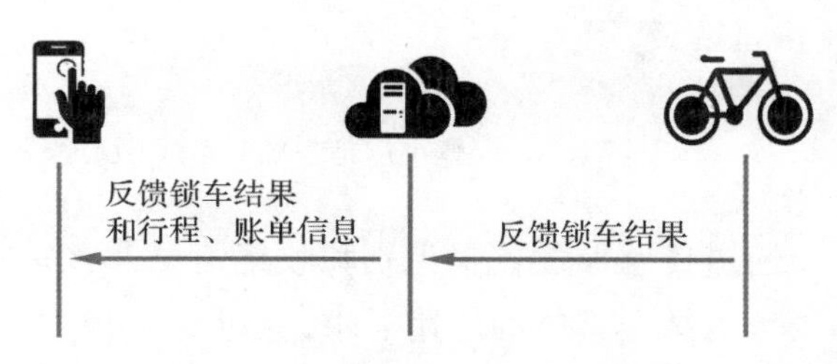

图 3.16　共享单车骑行结束的服务流程

3.2.2　智慧小屋的功能实现

如图 3.17 所示,围绕智慧小屋,可以看到在整个过程中信息的流动过程,分解这张图来说明信号(数据)的传送过程,左侧的感知层是各种传感器和执行器,可以简单地将传感器进行分类,如温湿度传感器、可燃气体传感器等都已经封装为数字传感器。也就是说,数据可以通过数字信号直接获取,采用的是集成电路总线(inter-integrated circuit, IIC)传输。有一些传感器是用模拟信号表示的,如使用到的光敏传感器,对于模拟信号接口需要通过模数转换器来获取数据。对于执行器件(包括显示器件),如果是数字接口或者是开关量,可以通过通用接口(general purpose input/output, GPIO)来进行控制。对于模拟量的控制,可以通过数模转换器(digital to analog converter,DAC)或者 PWM 来进行控制。在该系统里,小屋的执行机构有空调、换气扇、水泵、可调光以及调色的灯。前面的四个执行机构都是开关量,通过数字的 0/1(也就是高低电平)来控制,最后的三色 LED 灯既可以采用高低电平来控制亮灭,也可以采用 PWM 来实现灯的亮度和颜色的调节。

这些输入信号由 Arduino 模块进行采集,输出信号也可通过 Arduino 的 GPIO 进行控制。数据采集完毕后,由无线模块进行传输。在智慧小屋实例中,采用了 Wi-Fi 进行传输,通过网络传送到云平台,再实现数据的转发、处理等。其他传输方式有 GPRS、NB-IoT、LoRaWAN 和以太网等。

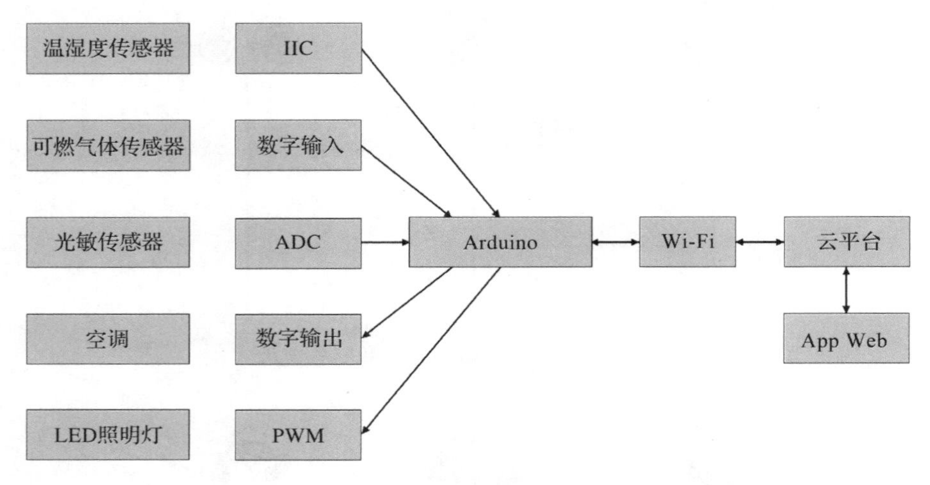

图 3.17　智慧小屋信息流过程

总之,感知层主要通过传感器设备来识别和收集信息,网络层负责安全地把这些信息进行传输,应用层负责结合具体的应用需求,通过对这些数据进行计算、处理、挖掘来实现智能化的物联网应用。

整屋的完整演示

第3章 习题

思考题

1. 搭建智慧小屋，如果需要增加安防模块，你会如何构建？

2. 为什么不能用 Arduino 直接驱动半导体制冷器和窗帘电机？

3. 可以通过什么方式把数据传送到阿里云平台？

4. 以共享单车为例，简述整个系统的实现过程？

5. LED 灯调光、调色可以通过什么实现？

答案

CHAPTER 4

第 4 章

智慧小屋的硬件组成

前面章节介绍了物联网在智慧小屋这一具体场景中的应用。为了展现智慧小屋各个部分的功能,需要使用对应的硬件设备进行开发。本章将介绍智慧小屋采用的硬件开发平台、传感器、执行器、Wi-Fi 通信模块和外围电路。

本章的学习要点包括:

1. 了解 Arduino 开发平台,掌握 Arduino 开发板的使用;
2. 了解智慧小屋用到的传感器的功能、特点和原理;
3. 掌握智慧小屋的 Wi-Fi 通信模块。

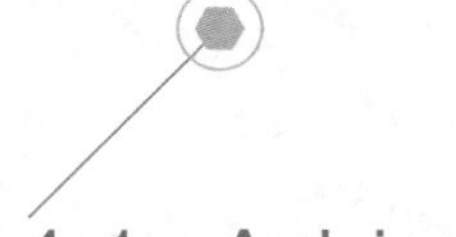

4.1 Arduino 简介

Arduino 介绍

本节介绍控制智慧小屋的开发板 Arduino UNO。

智慧小屋的硬件架构如图 4.1 所示。中间部分是控制小屋的开发板 Arduino UNO,负责进行传感器数据的采集处理、动作逻辑执行和数据上云。

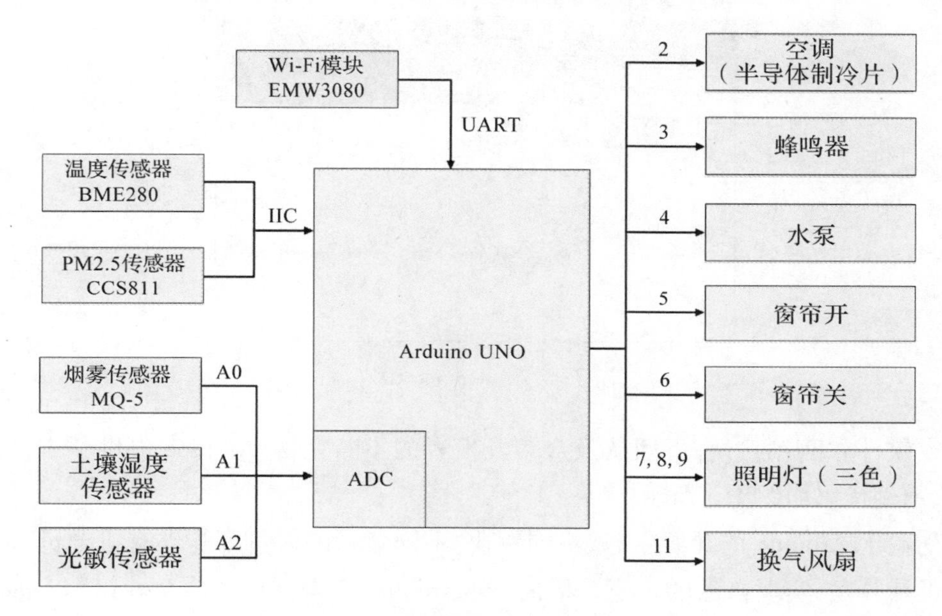

图 4.1　智慧小屋的硬件架构

左侧五个传感器中,上方两个是数字传感器,通过 IIC 协议,Arduino 可以直接读取用户所需的传感器数据,下方三个是模拟传感器,它们采集到的环境数据以电压的形式输出,经由 Arduino 内置的 ADC 处理后,转化为数字信号。右侧七个是执行器,所用到的 IO 端口在图中均已标明。开发板上方是 Wi-Fi 模块,负责连接网络,进行数据的上传与下行指令的接收。

4.1.1 Arduino 的历史、背景及特点

Arduino 是一款使用简单,集硬件、软件环境于一身的开源开发平台,为不同背景、不同专业的爱好者、开发者提供简单易用的电子产品开发体验。

Arduino 采用的开源策略是创意共享(creative commons,CC),意味着任何人都被允许生产电路板的复制品,还能重新设计,甚至销售原设计的复制品。

正因为开源、开放的策略,经过十几年的完善,现在的 Arduino 可以说是开源硬件

领域应用最广泛的平台之一，形成了一整个完整的生态体系。比如，在硬件上，最早只有一款开发板，现在已经有几十甚至上百种不同的硬件平台可供选择，包括 Arduino UNO、Arduino Leonardo、Arduino 101、Arduino ESPLORA、Arduino MICRO、Arduino Nano 等，能够满足开发者的不同需求。

Arduino 不仅提供了硬件开发板，还提供了专门的开发软件（IDE），如图 4.2 所示。

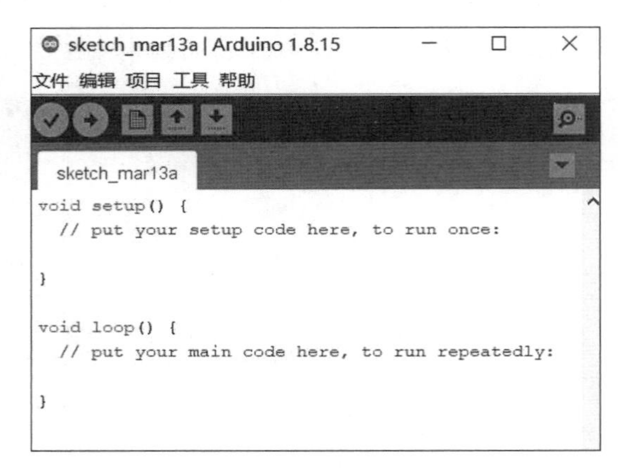

图 4.2　Arduino IDE

在软件方面，通过官方团队及众多开发者的不断完善，Arduino 提供了丰富的库函数、示例代码如图 4.3 所示。

受益于 Arduino 的开源生态，不同专业、不同背景的人员都能够有机会进行电子产品设计开发，实现自己的创意。同时，在 Arduino 官网上（https://www.arduino.cc/reference/en/），也提供了非常多的项目开发示例供大家参考，如图 4.4 所示。

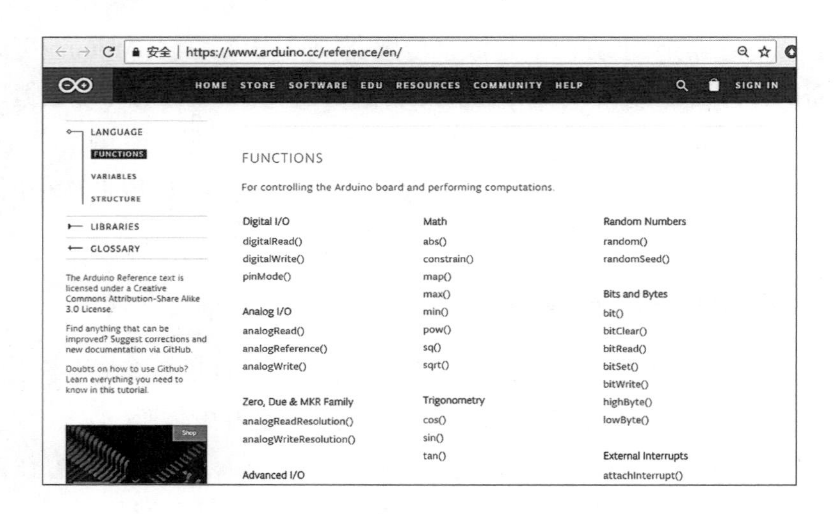

图 4.3　丰富的库函数、示例代码

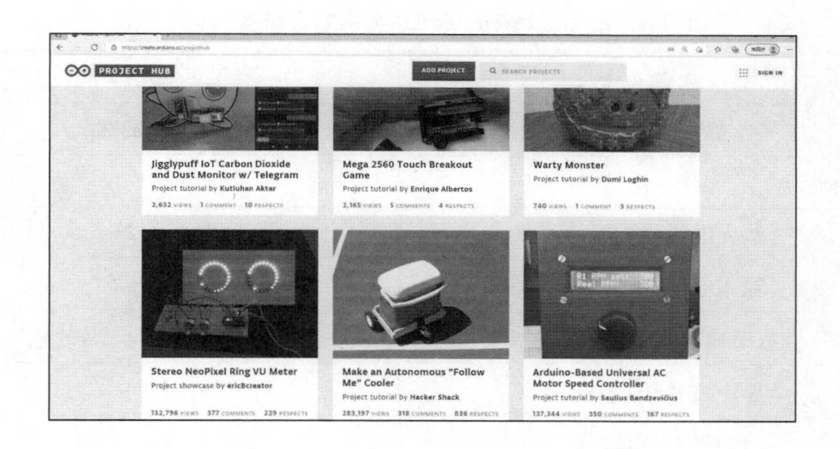

图 4.4　Arduino 官方网站提供的项目示例

4.1.2　Arduino 的优点

Arduino 的优点首先是便宜。一块最新版的 Arduino 板的价格为 100 ~ 150 元,开发软件是免费的。

其次是 Arduino 具备强大的跨平台开发能力。Arduino IDE 能够在众多主流平台上运行,包括 Microsoft Windows、Linux、Mac OS,从而兼顾开放人员的需求。

再次是简单易学。Arduino 并没有使用天书般的汇编语言,或者复杂难懂的 C 语言,而是创造了另一种简单、清晰的编程语言。经过简单的学习,便能够开始出色的设计。

最后,基于 Arduino 开源的软件和开放的硬件,可以让全球的开发者、爱好者一起分享、交流,积聚了越来越丰富的生态资源。

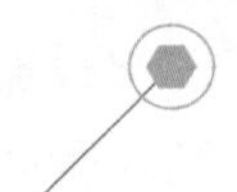

4.2　Arduino 硬件平台

4.2.1　Arduino 开源控制板

Arduino 有多种型号,包括 Arduino UNO、Arduino Nano 等,其中 Arduino UNO 是 Arduino 平台的参考标准模板。UNO 的扩展板较多,自带 USB 转串口,供电和烧写都比较容易。Arduino UNO 的基本参数如表 4.1 所示。

Arduino 硬件平台

表 4.1 Arduino UNO 的基本参数

属性	参数
微处理器	ATmega328p
工作电压	5V
输入电压(推荐)	7～12V
输入电压(限值)	6～20V
数字输入/输出引脚	14 路(6 路可用于 PWM 输出)
PWM 数字 I/O 引脚	6 路
模拟输入引脚	6 路
每路输入/输出引脚的直流电流	20mA
3.3V 引脚的直流电流	50mA
闪存存储器	32KB,其中引导程序占用 0.5KB
SRAM	2KB(ATmega328p)
EEPROM	2KB(ATmega328p)
时钟频率	16MHz
长	68.6mm
宽	53.4mm
重	25g

Arduino UNO 的板载资源示意如图 4.5 所示。在图中能找到各个板载资源对应的位置,了解 Arduino UNO 硬件平台的基本布局。其中上方的 0～13 端口为数字端口,开头带波浪线符号的端口为 PWM 端口。下方的 A0～A5 为模拟端口。左端设有 USB 接口以及直流电源插头。在板卡的右端设有 ICSP 端口,用于给单片机烧写程序。不过 Arduino 开发板设有 USB 控制器,一般通过 USB 口串口通信写程序,所以 ICSP 并不常用。

官方提供的 Arduino UNO 硬件原理图如图 4.6 所示,上方方框内为稳压电路,用以提供稳定的 5V 电压输入。左侧方框内为下载电路(USB 口)部分,开发板使用了 ATmega16U2 这款 USB 芯片作为下载电路,可以直接利用 USB 口下载程序。右侧是这款开发板的主芯片电路,包括复位电路、晶振、串口以及 GPIO。其中 GPIO 端口是微处理器对外界信息交互的关键部分,负责实现电信号的输入/输出。在编程时需要对其配置和使用,是我们学习嵌入式开发的基础。

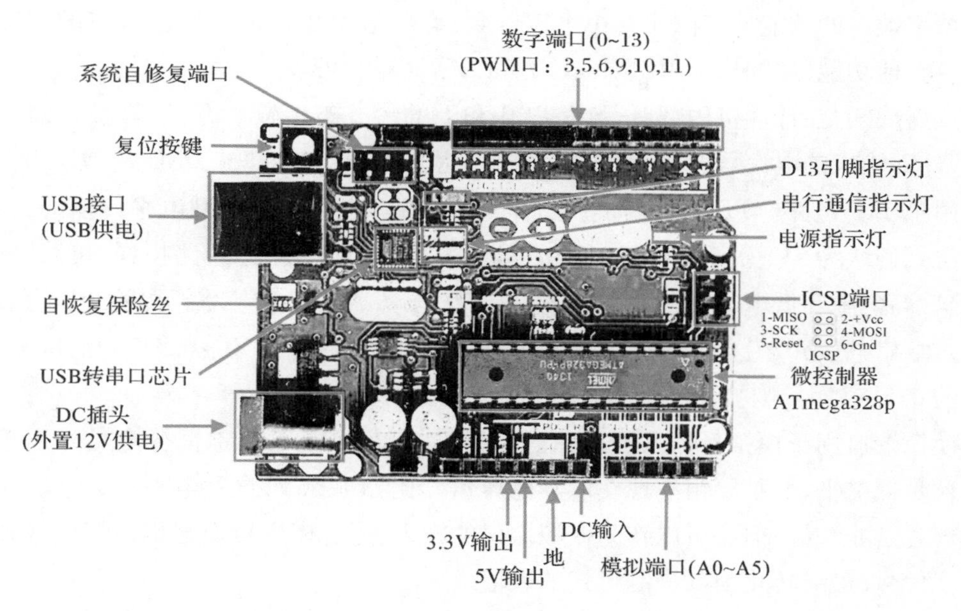

图4.5 Arduino UNO 的板载资源示意

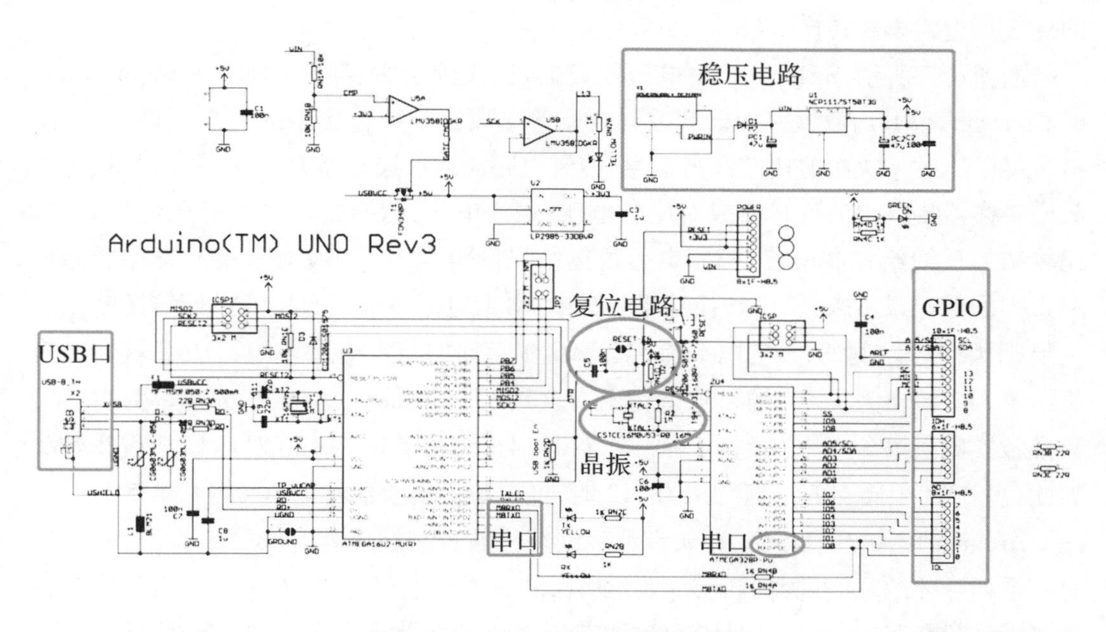

图4.6 Arduino UNO 的硬件原理图

原图

4.2.2 Arduino 的端口

Arduino UNO 开发板设置了 14 个数字端口（编号 0 ~ 13）和 6 个模拟端口（编号 A0 ~ A5）。数字端口用于 0/1 逻辑的电平输入，其中开头带波浪线符号的数字端口为 PWM 端口。模拟端口用于接收模拟信号，具备 10 位的分辨率，同时也具备数字端口的功能。在图4.6中可以看到，有些端口作为数字模拟端口的同时也复用了其他功能，比如作为IIC、SPI、USART、PWM端口等。

众所周知，在计算机内部，信息是以0和1的形式被传输和存储，微处理器也不例外，外部输入的电信号遵循0/1逻辑为开发板所感知。Arduino UNO的数字I/O端口使用了TTL电路。TTL，即晶体管到晶体管逻辑。它定义了一种电平传输的逻辑，即通常人们认为5V为高电平而0V为低电平。但事实上，考虑线路损耗、负载、噪声等因素，高电平和低电平实际确定的是一个范围。2.4～5.0V为高电平，也就是说，在输入端口电压介于这个之间，就会被识别为高电平1。同理，0～0.5V为低电平，而中间的0.5～2.4V则被认为是无效电平。

模拟端口用于模拟量输入的端口。所谓模拟量，不是简单地区分电信号属于高电平还是低电平，而是要精准地获取其电压值。比如1.56V，这种电平在数字输入端口出现时是非法的，但是可以作为模拟端口的输入，通过模数转换器把模拟信号转换为数字信号，最终转化为二进制形式的数值。

ADC是一种将模拟量转换为数字量的电子器件。Arduino中使用了10位分辨率的逐次逼近式模数转换器(SAR-ADC)。

如图4.7所示，SAR-ADC由电压比较器、逐次逼近寄存器(successive approximation register，SAR)、数模转换器和控制电路等组成。模数转换器的工作原理如下：模拟量可以通过一次次的比较获得信息，控制电路向逐次逼近寄存器中写入猜想的值，数模转换器将猜想的值转换成对应的电压，送入电压比较器，与输入电压进行比较，比较结果反馈给控制电路；控制电路根据结果调整写入SAR的值，缓冲寄存器会将SAR中的值记录下来，输出转换结果。其中，参考电平表征了数模转换器转换电压的上限，下限为0。例如，参考电平为5V，SAR中存储的猜想结果为512，DAC就会将猜想结果512转换为2.5V的模拟量输出。这是因为Arduino的ADC分辨率为10位，数模转换器根据参考电压，将5V等分为1024份，数字量512就对应模拟量2.5V。因此，当SAR中储存的猜想结果为512时，经过数模转换器将电压转换成2.5V。

Arduino UNO开发板中，开头带波浪线符号的数字端口为PWM端口。它是通过对一系列脉冲的宽度进行调制，等效出所需的波形(包含形状以及幅值)，以对模拟信号电平进行数字编码，也就是说通过调节占空比的变化来调节信号、能量等的变化。这里，占空比是指在一个周期内，信号处于高电平的时间占据整个信号周期的百分比，例如方波的占空比为50%。

现在大部分场景采用了数字电路，因此PWM信号常被采用。常见的有交流调光电路，即无级调速，高电平占多一点，也就是占空比大一点、亮度就高一点，占空比小一点亮度就低一点。其前提是PWM的频率要大于人眼识别频率，否则会出现闪烁现象。

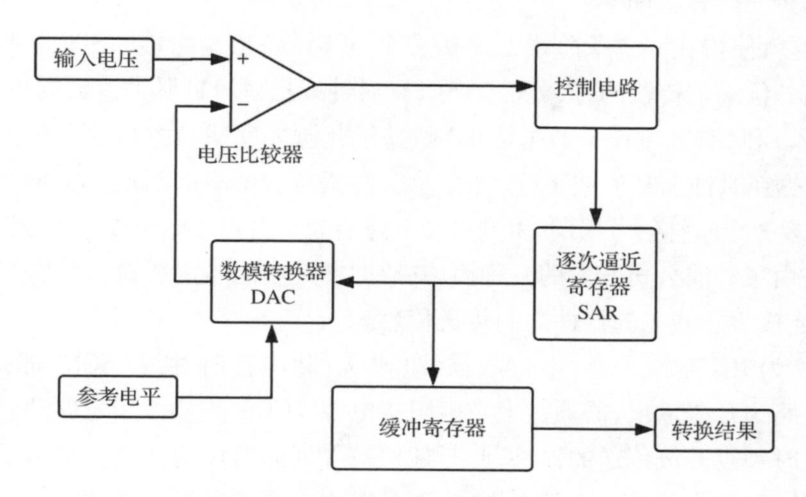

图4.7　逐次逼近式模数转换器(SAR-ADC)

4.2.3　Arduino的通信协议

Arduino常用的通信协议包括UART、SPI和IIC三种。Arduino UNO开发板中的1号和2号端口可作为通用异步收发传输器(universal asynchronous receiver-transmitter,UART)的端口,进行数据收发。

UART是一种通用串行数据总线,用于异步通信。该总线双向通信,可以实现全双工传输和接收。嵌入式系统提到的串口,一般是指UART口。其中TX是数据发送接口、RX是数据接收接口,两个设备间将TX与RX相连即可正常工作。最常用到的就是USB接口。图4.8为UART口的连接示意。

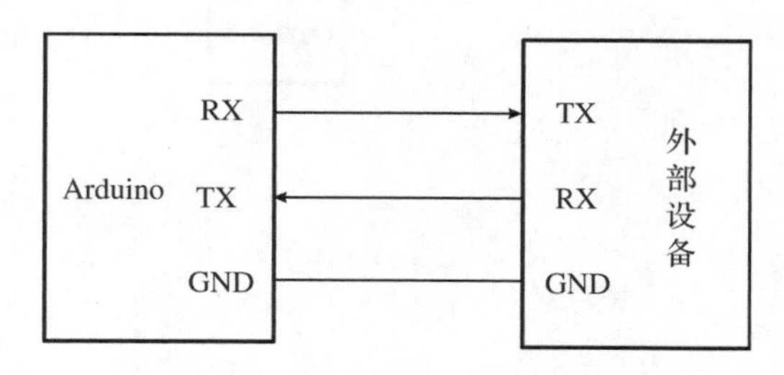

图4.8　UART口的连接示意

SPI是串行外设接口(serial peripheral interface)的缩写,它是一种高速、全双工、同步的通信总线。SPI的通信原理很简单,它以主从方式工作。这种模式通常有一个主设备和一个或多个从设备,需要至少4根线,单向传输情况下3根线也可以。MISO(主设备数据输出)、MOSI(主设备数据输入)、SCLK(时钟)、SS(片选)是所有基于SPI总线的设备都包含的。其中,SS是控制从芯片是否被主芯片选中的信号,即只有当片选信号为预先规定的使能信号时(高电位或低电位),主芯片对此从芯片的操作

才有效。这就使得在同一条总线上连接多个 SPI 设备成为可能。SPI 是串行通信协议,数据是一位一位传输的,因此需要 SCLK 时钟线提供时钟脉冲。数据线 SDI(主设备数据输入)和 SDO(主设备数据输出)则基于此脉冲完成数据传输。数据输出通过 SDO 线,数据在时钟上升沿或下降沿时改变,在紧接着的下降沿或上升沿被读取。因此,至少需要 8 个时钟信号周期(上升沿和下降沿为一次),才能完成 8 位数据的传输。

IIC 是由飞利浦公司开发的一种简单、双向二线制同步串行总线。它只需要 2 根线就可在连接于总线上的器件之间传送信息。

图 4.9 为 IIC 连接示意,串行数据线(SDA)和串行时钟线(SCL)都是双向 I/O 线,接口电路为开漏输出,需通过上拉电阻接电源 VCC。主器件用于启动总线传送数据,并产生时钟以开放传送的器件,此时任何被寻址的器件均被认为是从器件。在总线上主和从、发和收的关系不是恒定的,而是取决于此时数据传送的方向。如果主机要发送数据给从器件,则主机首先要寻址从器件,然后主动发送数据至从器件,最后由主机终止数据传送。如果主机要接收从器件的数据,首先由主器件寻址从器件,然后由主机接收从器件发送的数据,最后由主机终止接收过程。在这种情况下,主机负责产生定时时钟和终止数据传送。

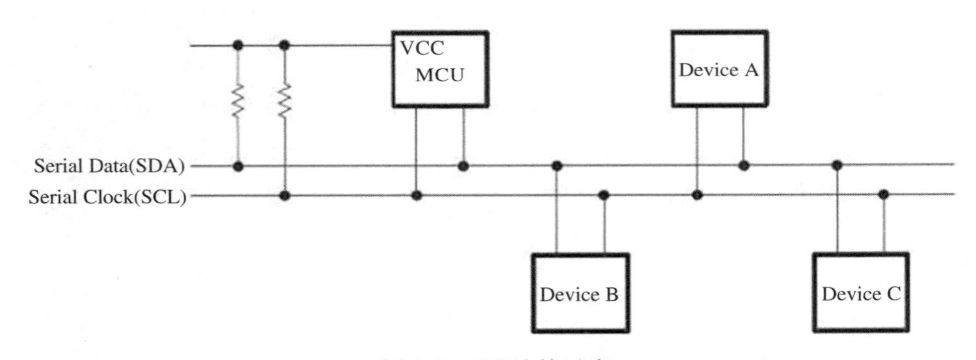

图 4.9　IIC 连接示意

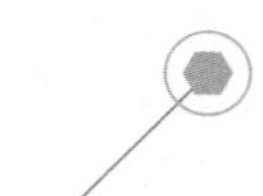

4.3　智慧小屋的传感器介绍

传感器介绍

本节介绍传感器相关的基本知识,并着重介绍智慧小屋用到的传感器的功能、特点和原理。

4.3.1　传感器概述

传感器(transducer/sensor)是一种检测装置,能感受到被测量的信息,并将感知信息按一定规律变换成为电信号或其他所需形式的信息输出,以满足信息的传输、处理、存储、显示、记录和控制等要求。国家标准《传感器通用术语》(GB/T 7665—2005)对传感器下的定义是:“能感受规定的被测量并按照一定的规律(数学函数法则)转换成可用信号的器件或装置,通常由敏感元件和转换元件组成。”传感器在新韦氏大词典中定义为:“从一个系统接受功率,通常以另一种形式将功率送到第二个系统的器件。”目前,市场上的传感器种类繁多,可以感知各种信息,比如图4.10中的环境传感器BME280、空气质量传感器CCS811、可燃气体传感器MQ-5、土壤湿度传感器、光敏电阻等。

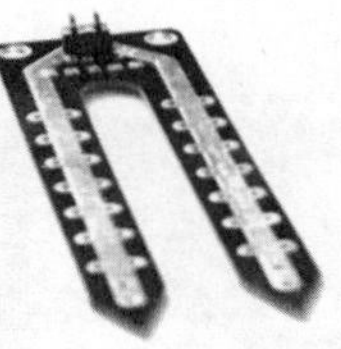

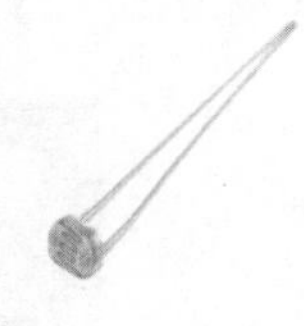

图4.10 智慧小屋用到的传感器

人们为了从外界获取信息,必须借助于感觉器官。在研究自然现象和规律等活动中,单靠人们自身的感觉器官,它们的功能还远远不够。传感器是人类五官的延伸,又被称为“电五官”。在利用信息的过程中,首先要解决的是如何获取准确可靠的信息,而传感器是获取自然和生产领域中信息的主要途径与手段。在现代工业生产尤其是自动化生产过程中,要用各种传感器来监视和控制生产过程中的各个参数,使设备工作在正常状态或最佳状态,并使产品达到最好的品质。可以说,没有众多优良的传感器,现代化生产也就失去了基础。

传感器一般由敏感元件、转换元件、变换电路和辅助电源四部分组成,敏感元件直接感受被测量对象,并输出与被测量对象有确定关系的物理量信号;转换元件将敏感元件输出的物理量信号转换为电信号;变换电路负责对转换元件输出的电信号进行放大调制。转换元件和变换电路一般还需要辅助电源供电。

4.3.2 智慧小屋用到的传感器介绍

首先介绍环境传感器BME280。该传感器可感知环境温度、湿度和大气压强,支持IIC和SPI接口,兼容3.3V/5V电平。该传感器尺寸小、功耗低、精度高且稳定性好,适用于环境监测、天气预测、海拔高度监测和物联网等应用场景。在智慧小屋中,该传感器被用来实时监测小屋内的温湿度数据。

WEATHER click子板以BME280为传感芯片,配置了IIC上拉电阻、供电滤波电容以及电源指示灯等一系列外围电路。子板上BME280传感器以及IIC接口,如图4.11所示。

CCS811是一种数字气体传感器,集成了CCS801传感器和8位MCU(带模数转换器ADC),用来检测室内的空气质量,包括二氧化碳和具有挥发性的有机化合物气体(VOCs)。该传感器支持IIC接口,工作电压为1.8~3.6V。另外,CCS811传感器尺寸小、功耗低、灵敏度高,使用智能算法计算二氧化碳和VOCs浓度的数值,适用于环境监测等应用场景。在智慧小屋中,该传感器被用来实时监测小屋内的空气质量。

Air quality 3 click子板以CCS811为传感芯片,配置了IIC上拉电阻、供电滤波电容以及电源指示灯等一系列外围电路。从图4.12中可以看到子板上CCS811传感器以及IIC接口。

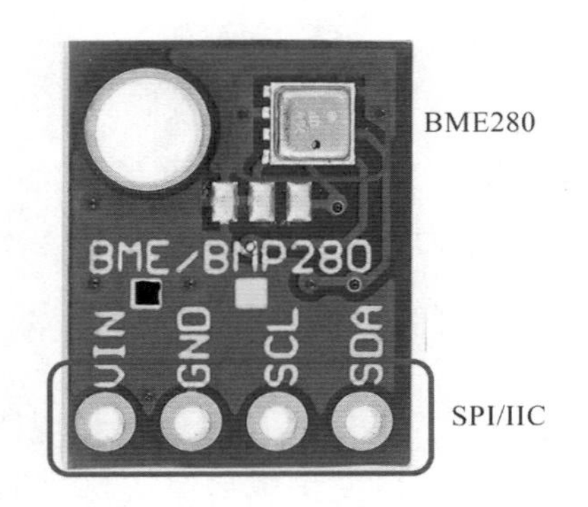

图4.11 WEATHER click子板

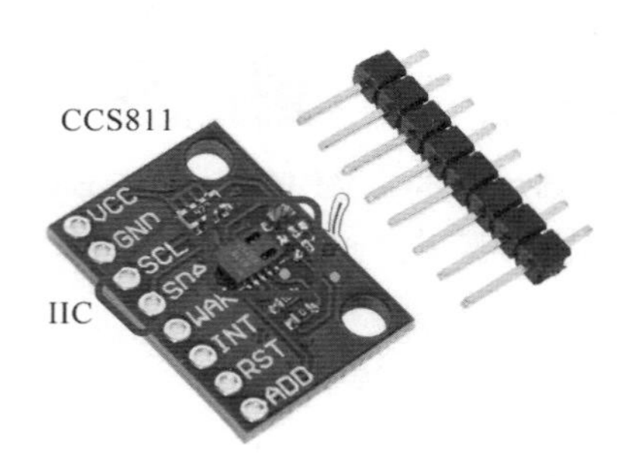

图4.12 Air quality 3 click子板

MQ-5是一款可燃气体传感器,它所使用的气敏材料是在清洁空气中电导率较低的二氧化锡(SnO_2)。当传感器所处的环境存在可燃气体时,传感器的电导率随空气中可燃气体浓度的增加而增大。使用简单的电路即可将电导率的变化转换为与该气体浓度相对应的输出信号。MQ-5传感器对液化气、丙烷、氢气的灵敏度高,对天然气和其他可燃气体的检测也很准确。这种传感器可检测多种可燃性气体,是一款适合多种应用的低成本传感器。

可燃气体传感器子板基于MQ-5传感器,增加了电压比较电路,可以直接输出数字信号。另外还添加了电源指示灯,数字信号输出指示灯等外围电路。

土壤湿度传感器是通过判断土壤中水分含量的多少来判定土壤的湿度大小。如图4.13所示,当土壤湿度传感器探头悬空时,三极管基极处于开路状态,三极管截止输出为0;当插入土壤中时,由于土壤中水分含量不同,相应的电阻值就不同,三极管基极就提供了大小变化的导通电流。三极管集电极到发射极的导通电流受基极控制,经过发射极的下拉电阻后转换成电压。

土壤湿度传感器子板基于土壤传感器,用于土壤湿度的监测。它具有双路输出,分别为模拟量输出和数字量输出。DO输出为数字量输出,输出TTL电平,可直接接单片机。AO输出为模拟量,浓度越高电压越高,输出量可以接到模数转换器,获得更精确的土壤湿度值。图4.13中电位器可用于阈值的调节,当浓度高于设定浓度时,DO输出低电平,DO输出指示灯亮。

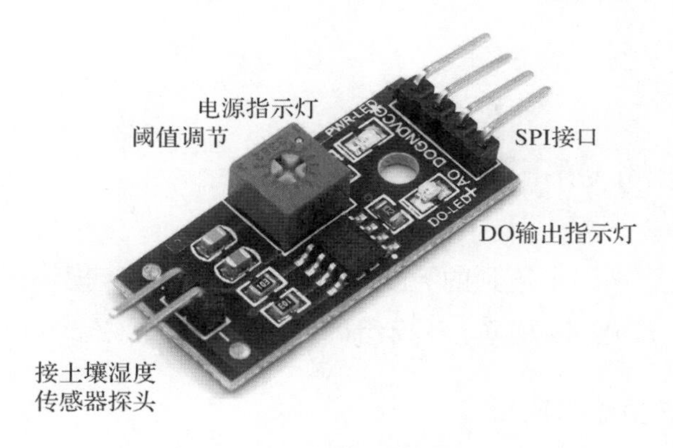

图 4.13　土壤湿度传感器子板

光敏电阻是用硫化镉或硒化镉等半导体材料制成的特殊电阻器,其工作原理是基于内光电效应。光照愈强,阻值就愈低。随着光照强度的升高,电阻值迅速降低,亮电阻值可小至 1kΩ 以下。光敏电阻对光线十分敏感,其在无光照时,呈高阻状态,暗电阻一般可达 1.5MΩ。

图 4.14 为智慧小屋所用的光敏传感器子板及其原理图。从原理图中可以看出,当子板通电后,电源指示灯亮起。随着光照强度的变化,光敏电阻的阻值发生改变,其两端的电压值也跟着变化,并通过 AO 输出相应的电压值。子板使用 LM393 电压比较器,对电位器两端电压和光敏电阻两端电压进行比较,从而输出 TTL 电平,通过调节电位器两端电压,可以控制光敏传感器对光线的阈值。当光线亮度大于阈值时,LM393 电压比较器"+"输入端电压低于"-"输入端电压,DO 输出低电平,对应的输出指示灯亮。

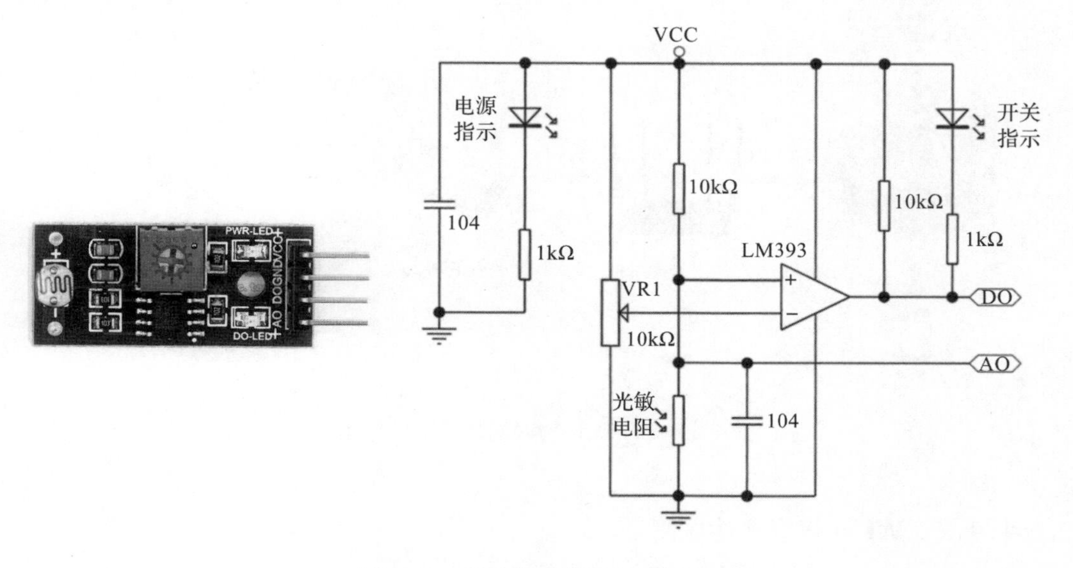

图 4.14　光敏传感器子板及原理图

4.4 智慧小屋的 Wi-Fi 通信模块介绍

Wi-Fi 通信模块

这节将介绍智慧小屋中用到的无线通信模块——Wi-Fi 模块，包括对 Wi-Fi 协议、应用，以及 Wi-Fi 模组硬件电路等的介绍。

4.4.1 Wi-Fi 协议与应用

Wi-Fi 是无线保真的缩写，英文全称为 Wireless Fidelity。Wi-Fi 允许电子设备连接到一个无线局域网(WLAN)，通常使用 2.4G UHF 或 5G SHF ISM 射频频段。Wi-Fi 技术由 Wi-Fi 联盟所持有。

Wi-Fi 具有覆盖范围广、传输速度较快、无须布线等优点，这也是其目前应用广泛的原因。

Wi-Fi 模块指的是实现了 Wi-Fi 协议的硬件单元模块，内置无线网络协议 IEEE802.11 相关协议栈以及 TCP/IP 协议栈。传统的硬件设备通过 Wi-Fi 模块可以直接利用 Wi-Fi 通信协议联入互联网，实现无线智能家居、M2M 等物联网应用。

Wi-Fi 模块在物联网场景下有着广泛的应用。例如，在智能家居中，基于 Wi-Fi 模组，配合可燃气体传感器可以实现 Wi-Fi 智能报警、配合 RGB 全彩灯可以制成 Wi-Fi 智能灯泡、配合温湿度传感器可以实现 Wi-Fi 智能环境监测等，如图 4.15 所示。

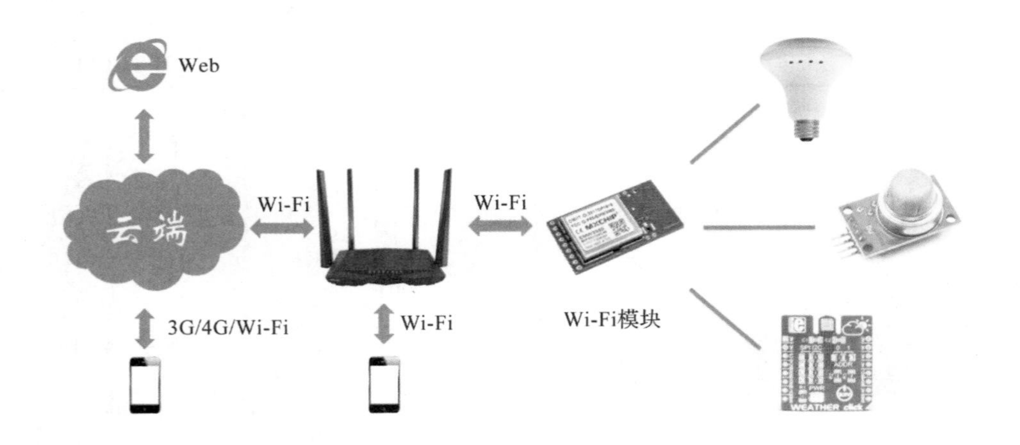

图 4.15 Wi-Fi 在物联网场景下的应用

4.4.2 Wi-Fi 模组硬件电路

智慧小屋无线通信模块选用的是上海庆科(MXCHIP)推出的嵌入式 Wi-Fi 模组

EMW3080，如图 4.16 所示。该 Wi-Fi 模组最高主频为 133MHz，内置 256KB SRAM 和 2M FLASH，并由 3.3V 单电源供电。常用于智能家居、智能照明、智能安防、医疗保健等领域。该模组具有 UART、SPI、IIC、PWM、GPIOs 等丰富的硬件接口。

图 4.16　嵌入式 Wi-Fi 模组 EMW3080

EMW3080 可运行物联网操作系统，集成 TCP/IP 协议栈、多种安全加密算法，支持接入目前主流的物联网云平台，包括阿里云物联网平台、中国移动 OneNET 平台、亚马逊 AWS IoT 平台等。因此，它能为用户直接提供快速、稳定、安全的端到云连接。

在 Wi-Fi 模组 EMW3080 的基础上，编者搭建了一系列外围电路，设计了 Wi-Fi 通信子板。Wi-Fi 通信子板（见图 4.17），采用了 Arduino UNO 兼容设计，可以通过排针直插方式连接到开发板，使用非常便捷。该通信子板在 Wi-Fi 模组的基础上增加了电源指示灯、复位按键、电平转换电路等一系列外围电路。

图 4.17　Wi-Fi 通信子板

电源芯片 TXS0102 用于将 EMW3080 通信使用的 3.3V TTL 电平转换为兼容其他电平的格式。本书将在后续实践环节详细介绍如何通过 Arduino 控制 Wi-Fi 模块实现数据通信，并接入阿里云物联网平台。

4.4.3 智慧小屋的驱动板电路

由于 Arduino 开发板不能驱动全部的传感器和电机，因此编者设计了一块专门为小屋配套的驱动电路板。驱动板包括 DC-DC 模块、STC 单片机、EMW3080 嵌入式 Wi-Fi 模块、TXS0102 双向电压电平转换器以及诸多接口。

TXS0102 是德州仪器（TI）开发的双向电压电平转换器，可用于建立混合电压系统之间的数字开关兼容性。它使用两个独立的可配置电源轨，A 端口支持 1.65 ~ 3.60 V 的工作电压，同时跟踪 VCC-A；B 端口支持 2.3 ~5.5 V 的工作电压，同时跟踪 VCC-B。

空调和水泵由 Arduio 控制 MOS 管开关来控制，由电源直接驱动。单片机 STC8A8K32S4A12 通过 PWM 输出控制窗帘电机。其他传感器，如温湿度传感器等可直接连接到 Arduino 上。

至此，已经详细介绍了智慧小屋的全部硬件资源，下一章将对智慧小屋的云平台进行介绍。

第4章 习题

判断题(正确的打"√",错误的打"×")

1. 在 IIC 协议中,主设备通过片选信号唤醒从设备。 (　　)
2. SPI 和 IIC 协议在通信时都有主从设备之分,其主从关系并不固定,一般主动发起通信的为主设备,被寻址的为从设备。 (　　)
3. 如果传感器模组集成了电压比较器,模拟传感器通过数字端口也可以正常工作。 (　　)
4. Arduino 公司采用开源的策略,任何人都可以无偿使用该公司的开发板设计。 (　　)
5. 通过 EMW3080,可以直接接入模组支持的物联网平台。 (　　)

答案

CHAPTER 5

第 5 章

智慧小屋的云平台实现

本章以物联网平台架构为基础,详细介绍阿里云物联网平台的构成与相关的物模型概念,并着重介绍在云平台上发挥重要作用的通信协议——MQTT协议。

本章的学习要点包括:

1. 阿里云物联网平台的组成;
2. 物模型的概念与定义方式;
3. 云平台中 MQTT 协议的应用。

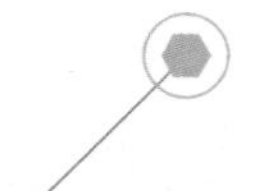

5.1 阿里云物联网平台的介绍

本节主要介绍阿里云物联网平台的特点。除此之外,还将介绍阿里云物联网平台的使用方法,并继续以共享单车为例进行分析。

5.1.1 物联网架构与物联网平台

一个典型的物联网系统包含感知及控制层、网络层、平台服务层和应用服务层四层架构。在感知及控制层,传感器与计量器感知信息,并将处理后的数据传输到网关。同时,这一层还负责接受物联网系统上层下发的指令信息。网络层通过有线或无线的方式传递数据和指令信息。平台服务层起到承接的作用,也提供一些通用的接口。应用服务层是提供业务服务,向不同客体提供不同的解决方案,并衍生出多样化的物联网应用。

对应于平台服务层的物联网平台是整个物联网架构中关键的一环,它向下连接感知层,向上面向应用服务层,提供应用开发的能力和统一的应用开发接口,为各行业的物联网应用提供通用服务,如设备维护、通信管理服务等。通过物联网平台,实现对终端设备的"管、控、营"一体化。在整个架构中,物联网平台处于一个软硬结合的枢纽位置,因此被称为物联网的"战略要塞"。

在发展初期,进行物联网开发是一项较为困难的工作,从底层设备数据获取到顶层云端应用,都需要技术人员自己开发,十分耗时、费力。因此,开发一个物联网应用需要相当强大的人力和物力支持,并且对于研发能力和开发时间而言都是不小的挑战。这在很大程度上制约了物联网应用的发展。物联网平台则成为解决这个问题的关键所在。它以云服务的方式来为物联网应用的开发者提供平台,将这些具有共性需求的功能都集成到平台里,支撑开发者在平台上实现物联网应用的快速开发。它为用户提供了软件开发、运行和运营环境等服务,将平台作为一种服务提供给用户,降低了应用提供商的开发成本。物联网平台使物联网应用解决方案的快速实现成为可能,在降低开发难度的同时又保证了功能可靠、性能稳定。

5.1.2 物联网平台的组成

如图5.1所示,物联网平台由IoT Hub、数据分析、设备管理、规则引擎以及安全认证 & 权限策略模块组成。

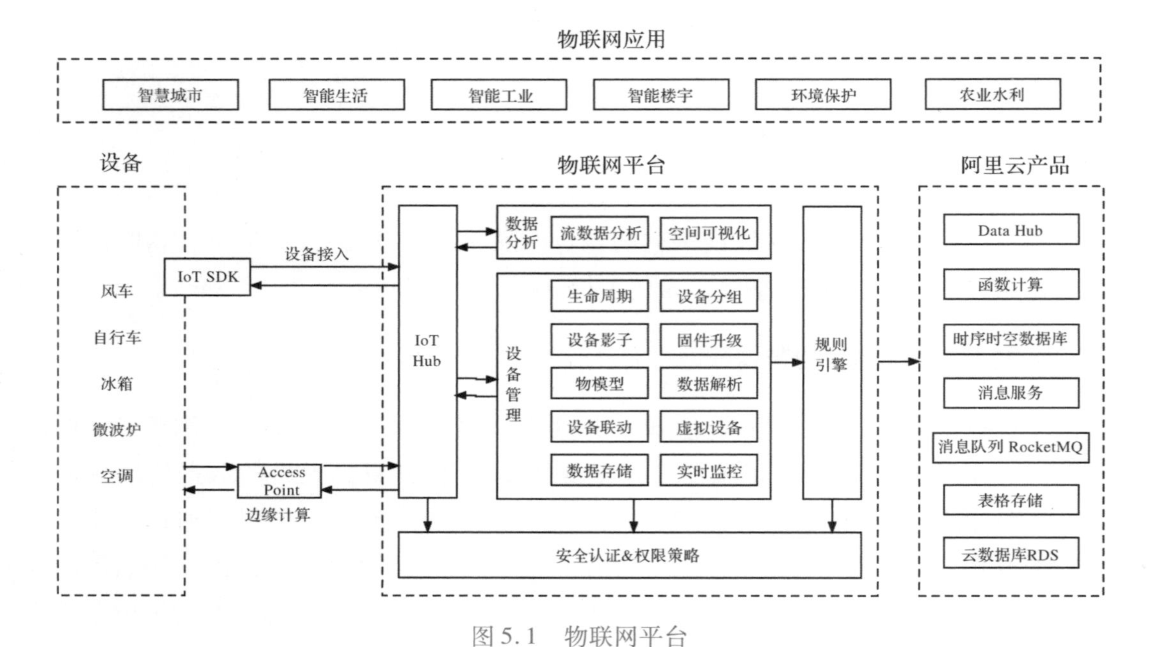

图 5.1　物联网平台

IoT Hub 模块可以帮助设备连接到阿里云的 IoT,并提供设备和云端之间安全通信的数据通道。数据分析服务包括流数据分析和空间可视化。流数据分析用于设置数据处理任务,空间可视化可以将设备数据实时在二维地图或三维模型上展示出来。设备管理模块提供了丰富的功能设备管理服务,例如生命周期、固件升级、在线调试、实时监控等。规则引擎模块实现了数据流转,当设备基于 Topic 进行通信时,可以编写 SQL 对 Topic 中的数据进行处理,然后配置转发规则将数据转发到其他 Topic 或阿里云服务器上进行存储和处理。安全认证 & 权限策略模块则提供了多重的防护机制来保障设备和云端安全。

总的来说,物联网平台提供的主要功能可以概括为以下五个方面:设备接入、设备通信、设备管理、安全能力(包括规则引擎解析)、数据接入。

5.1.3　阿里云物联网平台

阿里云物联网平台可以提供如下功能:①支持海量设备连接上云,设备与云端通过 IoT Hub 进行稳定、可靠的双向通信;②提供完整的设备生命周期管理,支持设备注册、功能定义、数据解析、在线调试、远程配置、固件升级、远程维护、实时监控、分组管理、设备删除等;③提供多重防护,有效保障设备与云端的安全;④提供基于规则引擎的数据流转和场景联动功能;⑤提供包括空间数据可视化和流数据计算在内的数据分析服务;⑥提供边缘计算能力,支持在离设备最近的位置构建边缘计算节点以处理设备数据。

使用阿里云物联网平台大致流程如下:首先在云端创建产品和对应设备,获取设备证书(如 ProductKey、DeviceName 和 DeviceSecret 等信息)。接着,可以将实际产品抽象成由属性、服务、事件所组成的设备模型,便于云端管理和数据交互。产品创建完成后,设备模型的定义也同时完成,并可以为它定义物模型。产品下的设备将自动继承物模型的内容。阿里云物联网平台提供的设备端 SDK,可以与平台建立通信。设备连接物联网平台后,数据直接上报至物联网平台。平台上的数据可以通过通信通道流转至用户的服务器。设备成功上报消息后,就可以通过云端应用调用 SetDeviceProperty 接口,设置设备属性值,并尝试从云端下发指令到设备端。

图 5.2 展示了使用阿里云物联网平台应用的案例——共享单车。

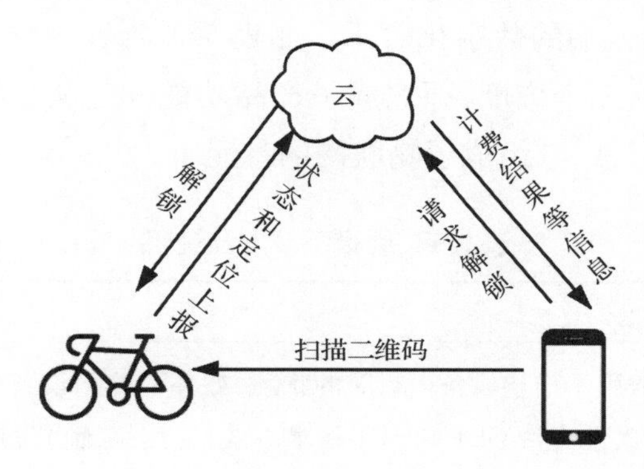

图 5.2　共享单车示例

共享单车这一抽象的概念对应于产品,即一组产品具有相同功能。而设备就是共享单车这一产品下的共享单车实物,每个设备都具有智能锁、二维码,都需要连接云平台来完成服务。这样的产品无疑与物联网平台高度契合。在实现方面,简要来说,首先需要创建一个产品“共享单车”,然后依据该产品创建设备,例如创建名为单车 1、单车 2、单车 3 等一系列设备。这些设备具备共享单车产品所定义的相同功能,通过不同的设备 ID(也即 DeviceName)与真实的共享单车物理设备一一关联。此时基本的数据上传、下行已经可行,如有需要,可以在此基础上增加其他功能,例如异常停车行为识别功能。

5.2　物模型介绍

物模型介绍

物模型被广泛用于数字化描述物理空间的实体,从属性、服务和事件三个维度,分别描述了该实体是什么,能做什么,可以对外提供哪些信息。

5.2.1 物模型

常见的物联网解决方案包括设备端、云端、应用端三大部分，涉及大数据、人工智能等技术。传统的物联网开发强调流程性，即先开发完成设备端，有了设备端再开发和云端的连接，完成后再开发应用端，这三个步骤需要依次进行。现在，依托于"物模型"定义架构，开发的两端可以齐头并进，一边开发设备端和云端，另一边可以研发云端和应用端的程序，从而节省大量的人力、物力成本。

物模型（thing specification language，TSL），是物理空间中的实体（如传感器、车载装置、楼宇、工厂等）在云端的数字化表示。如表5.1所示，物模型包含属性、服务和事件三个维度。有了这三个维度，即完成了产品功能的定义。抽象的物模型对于物联网的作用可谓非比寻常，它组成了物联网的基元。

表5.1 物模型维度及说明

维度	说明
属性	一般用于描述设备运行时的状态，如环境监测设备所读取的当前环境温度等，属性支持GET和SET请求方式，应用系统可发起对属性的读取和设置请求
服务	设备可被外部调用的能力或方法，可设置输入参数和输出参数，相比于属性，服务可通过一条指令实现复杂的业务逻辑，如执行某项特定的任务
事件	设备运行时的事件，一般包含需要被外部感知和处理的通知信息，以及多个输出参数，例如，某项任务完成的信息，或者设备发生故障或告警时的温度等，事件可以被订阅和推送

物模型的优势在于，将很多重复工作标准化、模式化，最终形成的IoT合作伙伴计划联盟（IoT Connectivity Alliance，ICA）标准会给同类型产品的研发带来极大的便利。

在开发者明确了产品的物模型后，开发的各个部门均可以马上运转起来，设备端只需考虑端侧应用的实现，而云端可以利用虚拟设备（在物联网平台端，能够支持虚拟设备的运行）模拟物模型中定义的功能，在平台端接收类似设备真实上线收发消息的情况，并可同步开发应用端软件，一切均可高效同步运转。

5.2.2 物联网平台物模型

在阿里云物联网平台上，可方便地创建物联网模型。在明确功能定义的属性、服务和事件后,物联网平台可以对控制台进行定义。比如,将室内温度定义为属性,将标识符定义为"RoomTemp",数据类型定义为"float",取值范围为:-50~100℃;又如,对开关进行定义,将标识符定义为"PowerSwitch",数据类型定义为布尔型,表示开、关两种状态。

5.2.3 物模型在JSON格式下的表达

在物联网平台上创建的物模型,实际上是用JSON格式的数据来表述的。JavaScript对象标号(JavaScript object notation,JSON)是一种轻量级的数据交换格式,把JavaScript对象中表示的一组数据转换为字符串,就可以在网络或者程序之间轻松地传递这个字符串,并在需要的时候将它还原为各编程语言所支持的数据格式。JSON易于阅读和编写,同时也易于机器解析和生成,能有效提升网络传输效率。任何支持的数据类型都可以通过JSON来表示,例如字符串、数字、对象、数组等。JSON使用花括号"{ }"表示对象,中括号"[ ]"表示数组,双引号"" ""内是属性或值;冒号":"表示后者是前者的值(这个值可以是字符串、数字,也可以是另一个数组或对象)。

JSON最常用的格式是对象的键值对,例如下面的代码表示firstName = Bill, lastName = Gates。JSON表示数组,和普通的JS数组一样,也可以使用中括号"[ ]"表示。

```
1. {
2.     "people"
3.     [
4.         {
5.             "firstName": "Bill",
6.             "lastName":"Gates"
7.         },
8.         {
9.             "firstName":"Warren",
10.             "lastName":"E. Buffett"
11.         }
12.     ]
13. }
```

以上这段代码表示名为people的变量,其值包含两个条目的数组,每个条目是一个人"名和姓"的记录。

除上述的表征之外,JSON还可以进行复杂的嵌套表示。下面代码将展示包含所有参数的TSL结构(不代表以下组合会全部出现在实际使用中,参数后的文字为参数说明)。

```
1. {
2.   "schema": "物模型结构定义的访问 URL",
3.   "profile": {
4.     "productKey": "产品 productKey"
5.   },
6.   "properties": [
7.     {
8.       "identifier": "属性唯一标识符(产品下唯一)",
9.       "name": "属性名称",
10.      "accessMode": "属性读写类型:只读(r)或读写(rw)",
11.      "required": "是不是标准功能的必选属性",
12.      "dataType": {
13.        "type": "属性类型: int(原生)、float(原生)、double(原生)、
14.          text(原生)、date(String 类型)、bool(0 或 1 的 int 类型)、
15.          enum(int 类型,枚举项定义方法与 bool 类定义法相同)、
16.          struct(结构体类型,可包含前面 7 种类型)、
17.          array(数组类型,支持 int、double、float、text、struct)",
18.        "specs": {
19.          "min": "参数最小值(int、float、double 类型特有)",
20.          "max": "参数最大值(int、float、double 类型特有)",
21.          "unit": "属性单位(int、float、double 类型特有,非必填)",
22.          "unitName": "单位名称(int、float、double 类型特有,非必填)",
23.          "size": "数组元素的个数,最大 512(array 类型特有)",
24.          "step": "步长(text、enum 类型无此参数)",
25.          "length": "数据长度,最大 10240(text 类型特有)",
26.          "0": "0 的值(bool 类型特有)",
27.          "1": "1 的值(bool 类型特有)",
28.          "item": {
29.            "type": "数组元素的类型(array 类型特有)"
30.          }
31.        }
32.      }
33.    }
34.  ],
35.  "events": [
36.    {
37.      "identifier": "事件唯一标识符(其中 post 是默认生成的属性上报事件)",
```

```
38.            "name": "事件名称",
39.            "desc": "事件描述",
40.            "type": "事件类型(info、alert、error)",
41.            "required": "是不是标准功能的必选事件",
42.            "outputData": [
43.              {
44.                "identifier": "参数唯一标识符",
45.                "name": "参数名称",
46.                "dataType": {
47.                  "type": "属性类型: int(原生)、float(原生)、double(原生)、
48.                    text(原生)、date(String 类型)、bool(0 或 1 的 int)、
49.                    enum(int 类型,枚举项定义方法与 bool 类定义法相同)、
50.                    struct(结构体类型,可包含前面 7 种类型)、
51.                    array(数组类型,支持 int、double、float、text、struct)",
52.                  "specs": {
53.                    "min": "参数最小值(int、float、double 类型特有)",
54.                    "max": "参数最大值(int、float、double 类型特有)",
55.                    "unit": "属性单位(int、float、double 类型特有,非必填)",
56.                    "unitName": "单位名称(int、float、double 类型特有,非必填)",
57.                    "size": "数组元素的个数,最大 512(array 类型特有)",
58.                    "step": "步长(text、enum 类型无此参数)",
59.                    "length": "数据长度,最大 10240(text 类型特有)",
60.                    "0": "0 的值(bool 类型特有)",
61.                    "1": "1 的值(bool 类型特有)",
62.                    "item": {
63.                      "type": "数组元素的类型(array 类型特有)"
64.                    }
65.                  }
66.                }
67.              }
68.            ],
69.            "method": "事件对应的方法名称(根据 identifier 生成)"
70.          }
71.        ],
72.        "services": [
73.          {
74.            "identifier": "服务唯一标识符(产品下唯一,
```

```
75.            其中 set/get 是根据属性的 accessMode 默认生成的服务。)",
76.         "name": "服务名称",
77.         "desc": "服务描述",
78.         "required": "是不是标准功能的必选服务",
79.         "callType": "async(异步调用)或 sync(同步调用)",
80.         "inputData": [
81.            {
82.              "identifier": "入参唯一标识符",
83.              "name": "入参名称",
84.              "dataType": {
85.                "type": "属性类型: int(原生)、float(原生)、double(原生)、
86.                  text(原生)、date(String 类型)、bool(0 或 1 的 int)、
87.                  enum(int 类型,枚举项定义方法与 bool 类型定义法相同)、
88.                  struct(结构体类型,可包含前面 7 种类型)、
89.                  array(数组类型,支持 int、double、float、text、struct)",
90.                "specs": {
91.                  "min": "参数最小值(int、float、double 类型特有)",
92.                  "max": "参数最大值(int、float、double 类型特有)",
93.                  "unit": "属性单位(int、float、double 类型特有,非必填)",
94.                  "unitName": "单位名称(int、float、double 类型特有,非必填)",
95.                  "size": "数组元素的个数,最大 512(array 类型特有)",
96.                  "step": "步长(text、enum 类型无此参数)",
97.                  "length": "数据长度,最大 10240(text 类型特有)",
98.                  "0": "0 的值(bool 类型特有)",
99.                  "1": "1 的值(bool 类型特有)",
100.                   "item": {
101.                     "type": "数组元素的类型(array 类型特有)"
102.                     }
103.                   }
104.                 }
105.               }
106.            }
107.          ],
108.          "outputData": [
109.            {
110.              "identifier": "出参唯一标识符",
111.              "name": "出参名称",
```

```
112.                "dataType":{
113.                  "type":"属性类型:int(原生)、float(原生)、double(原生)、
114.                    text(原生)、date(String 类型)、bool(0 或 1 的 int)、
115.                    enum(int 类型,枚举项定义方法与 bool 类型相同)、
116.                    struct(结构体类型,可包含前面 7 种类型)、
117.                    array(数组类型,支持 int、double、float、text、struct)",
118.                  "specs":{
119.                    "min":"参数最小值(int、float、double 类型特有)",
120.                    "max":"参数最大值(int、float、double 类型特有)",
121.                    "unit":"属性单位(int、float、double 类型特有,非必填)",
122.                    "unitName":"单位名称(int、float、double 类型特有,非必填)",
123.                    "size":"数组元素的个数,最大 512(array 类型特有)",
124.                    "step":"步长(text、enum 类型无此参数)",
125.                    "length":"数据长度,最大 10240(text 类型特有)",
126.                    "0":"0 的值(bool 类型特有)",
127.                    "1":"1 的值(bool 类型特有)",
128.                    "item":{
129.                      "type":"数组元素的类型(array 类型特有)"
130.                    }
131.                  }
132.                }
133.              }
134.            ],
135.            "method":"服务对应的方法名称(根据 identifier 生成)"
136.          }
137.      ]
138.  }
```

源代码

5.3 MQTT 协议介绍

MQTT 协议介绍

本节介绍物联网通信中常用的 MQTT 协议。

5.3.1 MQTT 协议

消息队列遥感传输(message queuing telemetry transport,MQTT)协议,是一种由 IBM 公司提出的轻量级发布/订阅模式的消息传输协议。该网络应用层协议以 TCP/IP 为基础,为物联网提供有序、可靠、双向的网络连接保证。与 HTTP 协议不同的是,MQTT 协议中服务器与客户端之间存在主动的消息传递。MQTT 协议使用主题发布和订阅模型来传输和获取信息。发布/订阅模式的消息传输方式使得协议本身相对简单,因此,MQTT 协议比其他协议具有更高的可靠性和更少的资源消耗。

MQTT 最大的优点在于,可以以极少的代码和有限的带宽为连接远程设备提供实时可靠的消息服务。作为一种低开销、低带宽占用的即时通信协议,其在物联网、小型设备、移动应用等方面有较广泛的应用。MQTT 也是基于客户端/服务器模式,消息传输采用发布/订阅消息模式,可以提供一对多的消息分发,对消息的传递提供了三种服务质量(QoS),这些在下文会详细介绍。

5.3.2 MQTT 协议工作原理

如图 5.3 所示,在 MQTT 协议中有三种角色:代理服务器、发布者客户端以及订阅者客户端。

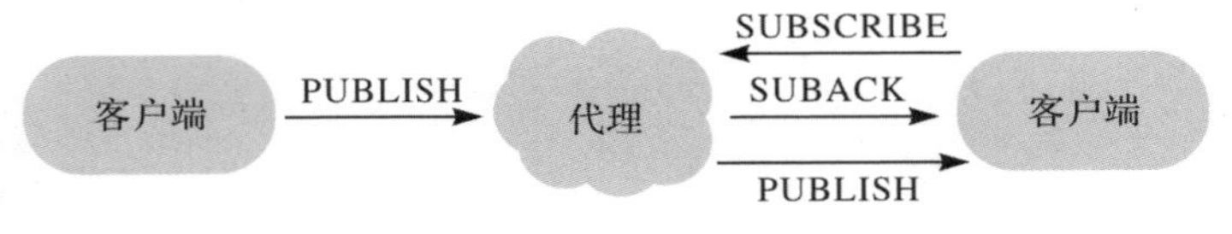

图 5.3 MQTT 协议框架

1. 客户端

客户端功能包括发布其他客户端可能会订阅的信息、订阅其他客户端发布的消息、退订或删除应用程序的消息、断开与服务器连接。需要注意的是,发布者客户端也可以是订阅者客户端,甚至可以订阅自己发布的消息。

2. MQTT 服务器

MQTT 服务器也称为“消息代理”(Broker),可以是一个应用程序或一台设备。

它位于消息发布者和订阅者之间，管理来自客户端发起的网络连接，接收客户发布的认证和授权信息，处理来自客户端的订阅服务和退订服务请求，以及将消息下发给订阅者。

值得注意的是，消息的发布者和订阅者不是直接通信的，发布者和订阅者互不干扰，也就是说发布者和订阅者互不知晓对方的存在，他们通过代理服务器转发消息来实现相互通信。发布者将消息发到服务器，订阅者也从代理服务器获取消息，代理服务器则存储来自发布者的消息，并将这些消息发送到正确的订阅者中去。

代理的传输所依靠的是定义的主题，也就是 Topic 来实现。发布者将消息发送到服务器时，会告诉服务器该消息是在哪个主题下的，而订阅者在向服务器端获取消息时，服务器按照订阅者约定的主题发送消息。

MQTT 采用代理的发布/订阅模式实现了发布者和订阅者的解耦。一方面在空间上进行了解耦，即传送消息不需要知道对方的 IP 地址和端口，只需要和服务器通信即可，发布者和订阅者都一样。另一方面，发布者和订阅者不需要同时在线，发布消息的时候，订阅者不在线也不会影响发布者发布消息，从而实现了时间上的解耦。但是，消息的传输必须通过主题（Topic）来进行，也就是发布者和订阅者都必须是同一个主题。这和微信公众号的发布、订阅相似。

MQTT 中传输的消息分为主题（Topic）和负载（Payload）两部分。Topic 即消息的类型，订阅者订阅（Subscribe）后，就会收到该主题的消息内容。Payload 为消息的内容，是指订阅者具体需要的内容。

Topic 给出“存放目录”，而 Payload 相当于存放于此的文件。在订阅过程中，IoT Hub 根据相应权限读取该目录，再发送相关数据。如果订阅者 A 和发布者的主题完全一样，就可以获取该主题中的负载数据，反之就不会读取该数据。

下面对 MQTT 过程用到的一些具体名词进行阐释。

（1）订阅（Subscription）：订阅包含主题筛选器（Topic Filter）和服务质量（QoS）。订阅会与一个会话（Session）关联，一个会话可以包含多个订阅。每一个会话中的每个订阅都有一个不同的主题筛选器。

（2）会话（Session）：会话是每个客户端与服务器建立连接的整个过程，一个会话中客户端和服务器之间会进行状态交互。会话可以存在于一个网络中，也可跨越多个网络连接。

（3）主题名（Topic Name）：主题名即连接到一个应用程序消息的标签，该标签与服务器的订阅相匹配。服务器会将消息发送给订阅所匹配标签的每个客户端。

（4）主题筛选器（Topic Filter）：主题筛选器即主题名通配符筛选器，在订阅表达式中使用，表示订阅所匹配的多个主题，告诉服务器对哪些主题感兴趣。服务器将感兴趣的主题进行过滤，推送所需要的消息。此外，有 Topic 通配符的使用，如“ + ”代表单级的通配符。这个“Topic Filter”只能在订阅中使用,在发布中不能使用。

(5)负载(Payload):负载即消息订阅者具体接收的内容。

(6)主题(Topic):主题是 UTF-8 字符串,是发布/订阅(Pub/Sub)模型中消息的传输中介。客户端可以向 Topic 发布或者订阅消息。Topic 是由一级或多级 Topic 组成,每一级用“/”分开,分级定义主题的方式能方便实际中的管理和使用。需要注意的是,主题是区分大小写的。服务器根据 Topic 对客户端发布的消息进行管理,并将消息推送给订阅了该主题的客户端。

值得注意的是,不能将 Topic 类直接用于通信,真正用于消息通信的必须是具体的 Topic。Topic 的格式和 Topic 类一致,是根据 DeviceName 从 Topic 类中映射动态创建,只有当 DeviceName 存在时,对应的 Topic 才会被创建。

5.3.3 MQTT 协议的方法

如表 5.2 所示,MQTT 协议定义了方法(也被称为动作),用以表示对确定资源所进行的操作。这个资源可以代表预先存在的数据或动态生成的数据,具体取决于服务器的实现。

表 5.2 物联网云平台介绍

动作	含义
CONNECT	等待与服务器建立连接
DISCONNECT	等待 MQTT 客户端完成所做的工作,并与服务器断开 TCP/IP 会话
SUBSCRIBE	等待完成订阅
UNSUBSCRIBE	等待服务器取消客户端的一个或多个 Topics 订阅
PUBLISH	向客户端发送消息请求,发送完成后返回应用程序线程

5.3.4 网络传输与应用消息

MQTT 会构建底层网络传输,它建立客户端到服务器的连接,提供两者之间的一个有序的、无损的、基于字节流的双向传输。当应用数据通过 MQTT 网络发送时,MQTT 会把与之相关的服务质量(QoS)和主题名(Topic)相关联。消息传输有三种服务质量(QoS)。

(1)如表 5.3 所示,QoS0 表示最多发一次(≤1),意味着消息发出去就不再管了。消息可能被接收,也可能丢失。这种传递方式最简单,传递的可靠性也最弱。

(2)如表 5.4 所示,QoS1,表示至少收到一次,发布方将保留数据,如果没有收到服务器响应信息,则会间隔一段时间重发,直至服务器响应为止。

表 5.3　QoS0 协议流程

发送者动作	控制报文	接收者动作
PUBLISH 报文 QoS0，DUP =0		
	⟶	
		发布应用消息给适当的后续接收者(们)

表 5.4　QoS1 协议流程

发送者动作	控制报文	接收者动作
存储消息		
发送 PUBLISH 报文 QoS =1，DUP =0，带报文标识符	⟶	
		开始应用消息的后续分发*
	⟵	发送 PUBACK 报文，带报文标识符
丢弃信息		

* 不要求接收者在发送 PUBACK 之前完整分发应用消息。原来的发送者收到 PUBACK 报文后，应用消息的所有权就会转移给接收者。

(3)如表 5.5 所示，QoS2 确保消息被接收，并且不会被重复接收。这种方式花费很大，在实际的物联网应用中比较少见。阿里云平台支持 MQTT 标准协议接入，兼容 3.1 和 3.1.1 版本协议，目前不支持 QoS2。

表 5.5　QoS2 协议流程

发送者动作	控制报文	接收者动作
存储消息		
发送 PUBLISH 报文 QoS =2，DUP =0，带报文标识符	⟶	
		方法 A：存储消息；方法 B：存储报文标识符，然后开始向前分发这个应用消息*
	⟵	发送 PUBACK 报文，带报文标识符
丢弃信息，存储 PUBREC 中的报文标识符		
发送 PUBREC 报文，带报文标识符		

* 不要求接收者在发送 PUBACK 之前完整分发应用消息。原来的发送者收到 PUBACK 报文之后，应用消息的所有权就会转移给接收者。

5.4 设备基于 MQTT 接入云的认证方式

设备基于 MQTT 接入云的认证方式

本节介绍 MQTT 报文结构及接入云的认证过程，关于 MQTT 在阿里云中的具体实现过程参见第 7 章。

5.4.1 物联网平台的两种通信模式

如表 5.6 所示，阿里云物联网平台支持两种通信模式，PUB/SUB 以及 RRPC，这两种模式均基于 MQTT 协议，用户可以根据业务需要灵活选择。

表 5.6 两种通信模式

通信模式	介绍
PUB/SUB	在 Topic 的基础上，物联网平台基于 PUB/SUB 机制进行消息的路由转发，让设备端可以发布或订阅消息，实现通信；物联网平台负责维护所有 Topic 的发布订阅用户列表，当发布者将消息发布到 Topic 后，物联网平台会检查该 Topic 的所有订阅用户，然后将消息转发给所有订阅了该 Topic 的设备，这是一个异步的过程
RRPC	远程过程调用回复（revert remote procedure call，RRPC）是一个同步的通信模式，基于开源 MQTT 协议封装，采用这种通信模式时，服务器端下发指令给设备时，需要同步得到设备端的响应

5.4.2 MQTT 协议的数据包与报文

一个 MQTT 数据包由三个部分组成，即固定头、可变头和负载。所有的 MQTT 数据包都包含固定头，长度为 2 个字节。

MQTT 协议中定义了方法（动作），这些方法主要包括 CONNECT、CONNACK、DISCONNECT、SUBSCRIBE、UNSUBSCRIBE、PUBLISH 等。方法（动作）的定义是由固定头第 1 个字节的高 4 位（bit）定义的，共有 16 种动作可以定义，其中 2 种保留。后文的报文类型表格将详细说明这 14 种动作的名称和报文流向。根据不同的 MQTT 数据包，后 4 位定义了不同的含义。第 2 个字节是数据长度，表示的是可变头和负载的总长度。

接下来对各个报文进行详细说明。

1. CONNECT 与 CONNACK

CONNECT 是 MQTT 的 14 种报文类型之一，对照控制类型报文的表格，其值为 1，是设备端和云平台连接首先要执行的动作。如图 5.4 所示，MQTT CONNECT 连接过程如下：由客户端发起 CONNECT 连接请求给服务器，服务器根据连接参数（Client ID、Username、Password）对客户端进行验证，并把结果通过 CONNACK 发回客户端，说明该连接成功或被拒绝的原因。

CONNECT消息	CONNACK消息
Client ID	SessionPresentFlag
Username,Password	ReturnCode
CLeanSession	
WillTopic,WillQoS,WillMessage,WillRetain	
KeepAlive	

图 5.4　CONNECT 与 CONNACK

CONNECT 包含几个较为重要的项：CleanSession（用于会话保持）、WillTopic 等（遗嘱信息）、KeepAlive（保活时间、心跳间隔）。具体介绍如下：

（1）CleanSession（用于会话保持）

当数值为“1”时，关闭会话重用机制。每次 CONNECT 都是新的 Session。服务器每次 Session 都要重新建立，这是大多数场景的使用情况。

当数值为“0”时，开启会话重用机制，网络断开重连后，恢复之前的 Session 信息。如果想要接收离线消息，就必须使用 CleanSession = 0。

在使用 CleanSession 时有两点值得注意：①当终端设备离线时，不论 CleanSession 的值是什么，都不可能接收任何 QoS = 0，1，2 的消息。②如果 CleanSession 的值为 1，当终端设备离线再上线时，离线期间发来 QoS = 0，1，2 的消息一律接收不到。如果 CleanSession 的值为 0，当终端设备离线再上线时，离线期间发来 QoS = 1，2 的消息仍然可以接收到。

（2）WillTopic（遗嘱信息）

当客户端与服务器建立连接后，在工作过程中，可能会因为各种因素，如断网、程序出错、断电等，与服务器断开连接。当出现这种异常的连接断开之后，服务器将“该设备已断开的消息”发布给订阅了该 Topic 的设备，其他设备就可以从预先存储在服务器端的遗嘱信息处得到提示。

（3）KeepAlive（保活时间、心跳间隔）

服务器可通过 KeepAlive 来判定客户端是否异常断开。如果客户端在一段时间内既要保持连接，又没有消息需要发送，那么需要在保活时间内，主动发送心跳包给服务器，用于维持连接。当断开连接时，如果有遗嘱信息，则服务器会按照约定发布

相关消息给订阅者。

目前，阿里云不支持 will 和 retain msg。

表 5.7 和表 5.8 展示了整个 CONNECT 与 CONNACK 控制报文的结构。

例如在 CONNECT 控制报文中，前面 2 个字节是固定头，3～12 字节是可变头，可变部分包含协议的名字“MQTT”（这是一个固定的字符串）、版本号、连接标志、保活时间。最后的负载部分包括 Client ID、遗嘱信息、用户名、密码。在第 10 个字节可变头的 Connect Flag 中定义了每一位的含义，如果在数据包里面有用户名、密码、遗嘱、CleanSession 等信息，那对应的位上置“1”，否则就置“0”。

表 5.7 CONNECT 控制报文

<table>
<tr><th></th><th>字节</th><th>说明</th><th>bit7</th><th>bit6</th><th>bit5</th><th>bit4</th><th>bit3</th><th>bit2</th><th>bit1</th><th>bit0</th></tr>
<tr><td rowspan="3">固定头</td><td rowspan="2">1</td><td rowspan="2">报文类型和数值</td><td colspan="4">MQTT CONNECT 报文类型，数值为 1</td><td colspan="4">保留，数值为 0</td></tr>
<tr><td>0</td><td>0</td><td>0</td><td>1</td><td>0</td><td>0</td><td>0</td><td>0</td></tr>
<tr><td>2</td><td>Remaining Length</td><td colspan="8">Remaining Length</td></tr>
<tr><td rowspan="11">可变头</td><td rowspan="6">3～8 为协议名称</td><td>Length MSB（值为 0）</td><td>0</td><td>0</td><td>0</td><td>0</td><td>0</td><td>0</td><td>0</td><td>0</td></tr>
<tr><td>Length LSB（值为 4）</td><td>0</td><td>0</td><td>0</td><td>0</td><td>0</td><td>1</td><td>0</td><td>0</td></tr>
<tr><td>“M”</td><td>0</td><td>1</td><td>0</td><td>0</td><td>1</td><td>1</td><td>0</td><td>1</td></tr>
<tr><td>“Q”</td><td>0</td><td>1</td><td>0</td><td>1</td><td>0</td><td>0</td><td>0</td><td>1</td></tr>
<tr><td>“T”</td><td>0</td><td>1</td><td>0</td><td>1</td><td>0</td><td>1</td><td>0</td><td>0</td></tr>
<tr><td>“T”</td><td>0</td><td>1</td><td>0</td><td>1</td><td>0</td><td>1</td><td>0</td><td>0</td></tr>
<tr><td>9</td><td>Protocol Version（值为 4）</td><td>0</td><td>0</td><td>0</td><td>0</td><td>0</td><td>1</td><td>0</td><td>0</td></tr>
<tr><td>10</td><td>Connect Flag（如果在数据包里面有用户名、密码、遗嘱、CleanSession 等信息，那对应的位上置“1”，否则就置“0”）</td><td>User-name</td><td>Pass-word</td><td>Will Retain</td><td colspan="2">Will QoS</td><td>Will Flag</td><td>Clean-Session</td><td>Reserved</td></tr>
<tr><td></td><td></td><td>X</td><td>X</td><td>X</td><td>X</td><td>X</td><td>X</td><td>X</td><td>X</td></tr>
<tr><td>11</td><td>KeepAlive MSB</td><td>X</td><td>X</td><td>X</td><td>X</td><td>X</td><td>X</td><td>X</td><td>X</td></tr>
<tr><td>12</td><td>KeepAlive LSB</td><td>X</td><td>X</td><td>X</td><td>X</td><td>X</td><td>X</td><td>X</td><td>X</td></tr>
<tr><td rowspan="5">负载</td><td rowspan="5">13～n（不定长）</td><td>ClientIdentifier</td><td colspan="8"></td></tr>
<tr><td>WillTopic</td><td colspan="8"></td></tr>
<tr><td>WillMessage</td><td colspan="8"></td></tr>
<tr><td>Username</td><td colspan="8"></td></tr>
<tr><td>Password</td><td colspan="8"></td></tr>
</table>

表5.8 CONNACK 控制报文

	字节	说明	bit7	bit6	bit5	bit4	bit3	bit2	bit1	bit0
固定头	1	报文类型和数值	MQTT CONNACK 报文类型，数值为2				保留，数值为0			
			0	0	1	0	0	0	0	0
	2	Remaining Length（数值为2）	0	0	0	0	0	0	1	0
可变头	3	Connect Acknowledge Flags	Reserved							SP
			0	0	0	0	0	0	0	X
	4	Connect Return Code	X	X	X	X	X	X	X	X

服务端将发送 CONNACK 报文用于响应从客户端收到的 CONNECT 报文。服务端发送给客户端的第一个报文必须是 CONNACK 报文。如果客户端在合理的时间内没有收到服务端的 CONNACK 报文，则客户端应该关闭网络连接。这里，合理的时间取决于应用的类型和通信基础设施。

控制报文的结构比 CONNECT 连接报文简单，是固定长度为4个字节的报文。在这个控制报文里，返回连接请求的结果，即创建成功或不成功。若创建不成功则给要出原因，如用户名密码错误、协议版本不匹配、Client ID 错误等。CONNACK 报文没有有效载荷。若连接成功，则服务器会返回（16进制格式）0X20 0X02 0X00 0X00。如果接收到上述返回的消息，证明已经成功与服务器建立了可靠连接。

来自服务器的消息含义如下：第1个字节 0X20 可以从固定头中查到，是服务器发送的数据，叫作"连接确认"；第2个字节 0X02 表示后面还有两个有效数据 0X00、0X00。发送这两个有效数据可以用来验证从机连接的协议是否正确，即从机接收到 0X02 这个数据后，应该判断是否真的接收到了这两个数据，如果不是，那证明通信时出现了问题。

以上为连接云端时所必需的第一步工作，第7章中将会详细介绍实际连接方式与真实数据。

2. PUBLISH 与 PUBACK

客户端与服务端之间互相传输消息需要用到 PUBLISH。

PUBLISH 有两种情况：一是客户端向服务器发布消息；二是服务器向其他订阅了消息的客户端发消息，包含的内容有唯一的 Packet ID、Topic、QoS，以及是不是重复信息的 DUP 标记和 RetainFlag（保留消息）。如设置了保留消息的，在没有新的消息来临前，服务器会将最近发生的一条消息在客户端上线的时候推送给它。

表5.9展示了 PUBLISH 控制报文的数据结构，在固定头的第一个字节高4位为3，低4位定义了 QoS、Retain 标志、重发标志 DUP，可变头包含主题的名称和 Packet ID。

DUP 的位置在第 1 个字节的第 3 位。如果 DUP 标志被设置为 0，则表示这是客户端或服务器端第一次请求发送这个 PUBLISH 报文。如果 DUP 标志被设置为 1，则表示这可能是一个早前报文请求的重发。客户端或服务器端请求重发一个 PUBLISH 报文时，必须将 DUP 标志设置为 1；对于 QoS0 的消息，DUP 标志必须设置为 0。需要说明的是，只有 QoS 级别为 1 或者 2 时，才会有 Packet ID 字段，QoS 为 0 则不需要这个字段。

表 5.9 PUBLISH 控制报文

	字节	说明	bit7	bit6	bit5	bit4	bit3	bit2	bit1	bit0
固定头	1	报文类型和数值	MQTT PUBLISH 报文类型，数值为 3				DUP	QoS 等级		RETAIN
			0	0	1	1	X	X	X	X
	2	Remaining Length	剩余长度							
可变头	3 ~ n	主题名	Length MSB							
			Length LSB							
			Topic Name							
	$n+1$ ~ m	PacketIdentifier	PacketIdentifier MSB							
			PacketIdentifier LSB							
负载	$m+1\cdots$	Application Message								

PUBACK 是对 PUBLISH 控制包的一个响应，第一个字节的高 4 位为 4，第 4 位保留。具体结构如表 5.10 所示。PUBACK 控制报文只有在 QoS 为 1 和 2 时，才会在控制报文中附上之前收到消息的 Packet ID，以告诉发送方它收到的是哪一条消息。

表 5.10 PUBACK 控制报文

	字节	说明	bit7	bit6	bit5	bit4	bit3	bit2	bit1	bit0
固定头	1	报文类型和数值	MQTT PUBACK 报文类型，数值为 4				保留，数值为 0			
			0	1	0	0	0	0	0	0
	2	Remaining Length（数值为 2）	0	0	0	0	0	0	1	0
可变头	3	PacketIdentifier MSB								
	4	PacketIdentifier LSB								

PUBLISH 是客户端向服务端传输信息时所必须采用的方法。同时，客户端订阅某个主题后，服务端也是通过 PUBLISH 对客户端进行消息传输。在第 7 章中，我们将采用 AT 指令来实现这个过程。

3. SUBSCRIBE 与 SUBACK

SUBSCRIBE 数据包是客户端向服务器订阅的一个或者多个主题，其中包含了一组或者多组 Topic 和 QoS 数据对。服务器会返回 SUBACK 的消息给客户端，通知订阅是否成功。

如表 5.11 所示，SUBSCRIBE 控制报文也包含了三个部分，不同的是负载部分包含了一组或者多组 Topic Filter、QoS 数据对。SUBSCRIBE 控制报文固定报头第 1 字节的第 3、2、1、0 位是保留位，必须分别设置为 0、0、1、0。服务端认为其他任何值都不合法，并会关闭网络连接。

表 5.11 SUBSCRIBE 控制报文

<table>
<tr><th></th><th>字节</th><th>说明</th><th>bit7</th><th>bit6</th><th>bit5</th><th>bit4</th><th>bit3</th><th>bit2</th><th>bit1</th><th>bit0</th></tr>
<tr><td rowspan="3">固定头</td><td rowspan="2">1</td><td rowspan="2">报文类型和数值</td><td colspan="4">MQTT SUBSCRIBE 报文类型，数值为 8</td><td colspan="4">保留</td></tr>
<tr><td>1</td><td>0</td><td>0</td><td>0</td><td>0</td><td>0</td><td>1</td><td>0</td></tr>
<tr><td>2</td><td>Remaining Length</td><td colspan="8">剩余长度</td></tr>
<tr><td rowspan="2">可变头</td><td rowspan="2">3 ~ 4</td><td rowspan="2">PacketIdentifier</td><td colspan="8">PacketIdentifier MSB</td></tr>
<tr><td colspan="8">PacketIdentifier LSB</td></tr>
<tr><td rowspan="4">负载</td><td rowspan="4">5 ~ n</td><td rowspan="3">Topic Filter</td><td colspan="8">Length MSB</td></tr>
<tr><td colspan="8">Length LSB</td></tr>
<tr><td colspan="8">Topic Filter</td></tr>
<tr><td>Requested QoS</td><td colspan="6">保留</td><td colspan="2">QoS</td></tr>
</table>

如表 5.12 所示，SUBACK 控制报文是由服务器发给客户端的，它是对之前客户端向服务器发起订阅的一个响应。返回信息里包含了订阅是否成功以及 QoS 级别的确认。

表 5.12 SUBACK 控制报文

<table>
<tr><th></th><th>字节</th><th>说明</th><th>bit7</th><th>bit6</th><th>bit5</th><th>bit4</th><th>bit3</th><th>bit2</th><th>bit1</th><th>bit0</th></tr>
<tr><td rowspan="3">固定头</td><td rowspan="2">1</td><td rowspan="2">报文类型和数值</td><td colspan="4">MQTT SUBABK 报文类型，数值为 9</td><td colspan="4">保留</td></tr>
<tr><td>1</td><td>0</td><td>0</td><td>1</td><td>0</td><td>0</td><td>0</td><td>0</td></tr>
<tr><td>2</td><td>Remaining Length</td><td colspan="8">剩余长度</td></tr>
<tr><td rowspan="2">可变头</td><td rowspan="2">3 ~ 4</td><td rowspan="2">PacketIdentifier</td><td colspan="8">PacketIdentifier MSB</td></tr>
<tr><td colspan="8">PacketIdentifier LSB</td></tr>
<tr><td>负载</td><td>5 ~ n</td><td>Return Code</td><td>X</td><td>0</td><td>0</td><td>0</td><td>0</td><td>0</td><td>X</td><td>X</td></tr>
</table>

当客户端需要订阅一个或多个主题时,采用 SUBSCRIBE 方式向服务器进行订阅,订阅成功则会返回相关标志。

4. UNSUBSCRIBE 和 UNSUBACK

客户端可以向服务器订阅某个主题,也可以取消订阅。

表 5.13 与表 5.14 展示了两种报文的结构。

表 5.13 UNSUBSCRIBE 控制报文

	字节	说明	bit7	bit6	bit5	bit4	bit3	bit2	bit1	bit0
固定头	1	报文类型和数值	MQTT SUBSCRIBE 报文类型,数值为 10				保留			
			1	0	1	0	0	0	1	0
	2	Remaining Length	剩余长度							
可变头	3 ~ 4	PacketIdentifier	PacketIdentifier MSB							
			PacketIdentifier LSB							
负载	5 ~ n	主题筛选器								

表 5.14 UNSUBACK 控制报文

	字节	说明	bit7	bit6	bit5	bit4	bit3	bit2	bit1	bit0
固定头	1	报文类型和数值	MQTT UNSUBACK 报文类型,数值为 4				保留,数值为 0			
			1	0	1	1	0	0	0	0
	2	Remaining Length (数值为 2)	0	0	0	0	0	0	1	0
可变头	3	PacketIdentifier MSB	PacketIdentifier MSB							
	4	PacketIdentifier LSB	PacketIdentifier LSB							

请注意,UNSUBSCRIBE 报文固定头的第 3、2、1、0 位是保留位且必须分别设置为 0、0、1、0。UNSUBSCRIBE 报文提供的主题筛选器(无论是否包含通配符)必须与服务器端持有的这个客户端的当前主题筛选器集合逐个字符进行比较。如果有任何过滤器与之完全匹配,那么服务端的订阅将被删除,否则不做更改。服务器端必须发送 UNSUBACK 报文响应客户端的 UNSUBSCRIBE 报文请求。UNSUBACK 报文必须包含和 UNSUBSCRIBE 报文相同的报文标识符。即使没有删除任何主题订阅,服务器端也必须发送一个 UNSUBACK 报文响应。

UNSUBSCRIBE 报文用于客户端向服务器端取消订阅,以及服务器端针对这个取消订阅的请求给予响应。UNSUBSCRIBE 报文也可以包含一组或者多组的 Topic Filter。UNSUBACK 控制报文是由服务器端发给客户端的,它的 PacketID 和 UNSUBACK 控制报文一致。

5.4.3 MQTT 接入物联网

阿里云物联网平台端提供了 MQTT 客户端直连和使用 HTTPs 认证再连接两种连接方式。

MQTT 客户端域名直连方式更适合资源受限的设备使用。需要注意是,使用 MQTT Connect 时,Connect 指令中的 KeepAlive 不能小于 30s,否则会被拒绝连接,建议值为[60s,300s]。如果同一个设备三元组同时用于多个连接,则可能导致客户端互相上下线。

设备端使用 MQTT 协议连接阿里云物联网控制台,需要下载根证书,因为 MQTT 采用的是明码传输,安全级别很低,密码很容易被截取,为了提高安全级别,应使用安全传输层协议(transport layer security,TLS)。

在安全等级上,阿里云物联网平台支持多种加密方式:

(1)TCP(传输控制协议)通道基础 + TLS 协议(TLSV1、TLSV1.1 和 TLSV1.2 版本),该方式安全级别高。

(2)TCP 通道基础 + 芯片级加密(ID2 硬件集成),其安全级别高。

MQTT 客户端教程

(3)TCP 通道基础 + 对称加密(使用设备私钥做对称加密),其安全级别中。

(4)TCP 方式(数据不加密),其安全级别低。

简单而言,安全传输层协议,及其前身安全套接层(secure sockets layer,SSL)是一种安全协议,目的是为互联网通信提供安全及数据完整性保障。它采用主从式架构模型,在两个应用程序之间透过网络创建起安全的连线,优势是防止在交换数据时受到窃听及数据被篡改,与高层的应用层协议(如 HTTP、FTP、Telnet 等)无耦合。TCP 通道是指基于传输控制协议的传输方式,是一种面向连接的、可靠的、基于字节流的通信。完成上述操作后,可以使用 MQTT 客户端连接服务器。

第5章 习题

思考题

1. 简述什么是物模型?
2. 物模型由 JSON 格式来描述,简述 JSON 格式的优点。
3. MQTT 协议是如何工作的?
4. 简述 MQTT 的三种服务质量(QoS)。

判断题(正确的打"√",错误的打"×")

1. 物联网体系架构从下至上可以分为四层,即感知及控制层、平台服务层、网络层和应用服务层。 ( )
2. JSON 使用中括号"[ ]"来表示对象。 ( )
3. 发布者和订阅者不是直接传输消息的,而是通过代理来传输的。 ( )

答案

CHAPTER 6

第 6 章

智慧小屋的软件实现

本章将在阿里云物联网平台相关知识的基础上，着重介绍使用 Arduino IDE 软件编写代码，并在智慧小屋实现过程中发挥作用，以及智慧小屋的相关数据如何上云。

本章的学习要点包括：

1. 配置与使用 Arduino IDE 软件；
2. 传感器数据采集与逻辑处理；
3. 阿里云配置；
4. 数据上云与指令响应。

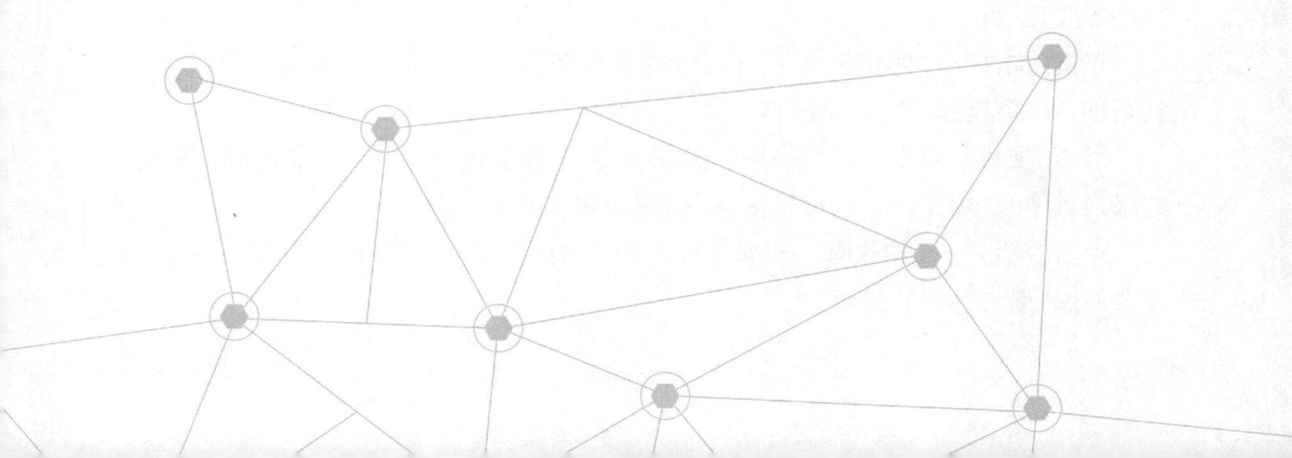

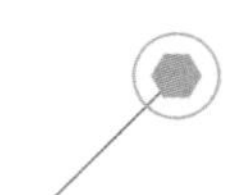

6.1 Arduino IDE 的配置与使用

Arduino IDE 的配置与使用

本节简述 Arduino IDE 的安装与配置流程。

6.1.1 下载安装

用浏览器打开 Arduino 的官方网站，在 SOFTWARE 目录下找到 Downloads，选项中提供了不同操作系统的安装文件。本书以 Windows 版本为例，选择 Windows 版本的安装包，选择"同意协议"，保持默认的选项不变，确认安装即可。

6.1.2 界面

完成安装后，运行 IDE，软件窗口可以分成 4 个部分：最顶层是菜单栏，提供了各种功能的菜单；工具栏（或称快捷工具栏）与之临近，共有 6 个小按键；"√"表示验证（编译），作用是检查代码，判断是否存在语法问题。向右的箭头表示上传，用于将代码写入开发板，上传动作发生的同时也执行了验证操作。在烧写之前，软件会自动对程序进行编译，确保烧入的代码可执行。在新建、打开和保存等功能区，可以执行创建保存等任务。最右侧的是串口监视器，Arduino UNO 开发板上搭载了 TTL 转 USB 的芯片，通过串口监视器，可以直接查看开发板串口的输出内容。中间的白色区域是编辑区，在这里可以编写代码，完成软件开发。最下面的是状态栏，各种编译或者报错信息会在这里输出。

6.1.3 配置与其他帮助

点击"文件"—"首选项"（快捷键"Ctrl" + "，"）进入软件设置界面。可在此界面设置编辑器语言和字体大小、显示行号、折叠代码等。通过设置编辑器语言可进行中英文切换，或切换为其他语言。设置完毕，点击"确认"（好/OK），部分设置需要重启软件才能生效。

点击"文件"—"示例"，可打开环境内置示例程序。环境自带非常多的例程，包括基础、数字、模拟、通信、显示等。

点击"项目"，会发现工具栏中的图标编译、上传也包含在其中。点击"加载库"，选择列表中的"库文件"后，编辑区会自动添加相关的头文件。

点击"项目"—"加载库"—"管理库"，可搜索安装网络中各种支持库，选中需要安装的库，点击"安装"即可。

点击“工具”—“开发板”，可进行不同开发板的选择，列表包含了大部分 Arduino 开发板，可通过开发板管理器添加“开发板”选项。点击“端口”，可进行端口号的选择。此外，工具选项还包含开发板烧录引导程序的相关选项。

点击“帮助”，在列表中点击相应选项可进入官网相关内容的介绍。

点击“工具栏”中的“串口监视器”，可启动 IDE 自带的串口监视窗口，此工具用于串口通信。

6.1.4 示例代码

示例代码是 Arduino IDE 为使用者提供的基本编码示例，辅助使用者学习。在“文件”选项卡中的“示例”一栏中可以找到示例代码，例如“01. Basis”中的“Blink”。接下来，以 Blink 为例，说明示例代码所起到的演示与辅助作用。

Blink 代码中第一部分是代码注释说明。注释的第一行会说明该程序的作用，例如 Blink 代码注释的第一行说明了该程序运行后可以使 LED 灯以 1s 的时间间隔交替开、关。注释的其他部分包含对代码以及与代码相关硬件的进一步说明，也包含代码的版本及更新迭代等信息。

Blink 代码的正文是代码中所定义的函数——setup( ) 和 loop( )。函数体内外以双斜杠标注的注释内容说明了该函数、函数体中所嵌套的其他函数的含义以及函数中变量的含义。在这些信息的帮助下可以了解到：①setup( ) 函数仅在通电或者复位时运行一次，执行一些设置，起到初始化的作用；②loop( ) 函数是程序主体，会不停地循环，实现目标功能。执行 Blink 代码时，首先进入 setup( ) 函数，通过 pinMode ( ) 函数完成输出引脚的设置，然后进入 loop( ) 函数循环，通过 digitalWrite( ) 函数打开 LED 灯后，执行 delay( ) 函数，实现 1000ms 的延时，再通过 digitalWrite( ) 与delay( ) 函数实现 LED 灯的关闭与 1000ms 的延时。由于 loop( ) 函数会一直循环下去，因此 LED 灯会一直以 1s 的时间间隔交替开、关。

总的来看，Blink 代码样例一共使用了 pinMode( )、digitalWrite( ) 和 delay( ) 三个不同的函数。这三个函数在 IDE 中的颜色是橙色的，代表这些函数名是保留字，是由 Arduino IDE 预先定义好的。

如果希望进一步研究包含 pinMode( )、digitalWrite( ) 和 delay( ) 等在内的常用函数，可以访问 Arduino 官网的“DOCUMENTATION”目录下的“Reference”，这里列出了 Arduino IDE 进行代码开发的所有参考内容。进入“Reference”后，界面左侧会显示包含“language”“libraries”“IoT cloud API”和“glossary”的导航栏。language 内包含函数 functions( )，变量 variables 和结构 structure 的内容，libraries 包含一些常用库的使用方法，glossary 则是一些术语的解释。pinMode( )、digitalWrite ( ) 和 delay( ) 函数

在“language”栏目的“functions”部分下，pinMode( )和digitalWrite( )函数归属于“functions”部分的“Digital IO”小项，delay( )函数则归属于“time”小项。

以pinMode( )函数为例，单击即可进入函数的详细介绍。介绍分为Description、Syntax、Parameters、Returns、Example Code、Notes and Warnings和See also这7个部分，其中较为关键的是前四个部分。Description中介绍了这个函数的功能，例如pinMode( )函数可以将指定的引脚配置为输入或者输出。Syntax解释了函数语法，pinMode( )函数的语法规定了它有2个传入参数。Parameters则对传入参数进行说明，pinMode( )函数第一个参数是pin，指代引脚，第二个是mode，指代模式。这里，模式可以为输入，也可以为输出，甚至是两者兼而有之。同样的，Blink( )函数中也有两个参数，pin为LED_BUILTIN——指代电阻串联LED引脚的默认值为13，mode为OUTPUT。Returns指明函数的返回值，pinMode( )函数没有返回值，所以对应Returns的说明为Nothing。

6.1.5 烧写与修改

在了解函数及其功能后，还需要将其烧写入开发板才能使其发挥作用。烧写的步骤如下：

首先，通过USB线把开发板连接到计算机，在设备管理器上可以观察到开发板使用端口的端口号，并检查其是否正确。如果端口号与Arduino IDE的窗口工具菜单下默认正在使用的Arduino UNO开发板端口号相符合则正确；反之需要将菜单下的端口设置为设备管理器中显示的值。另外，还可以通过菜单取得开发板信息，如果开发板未能正确连接到计算机，则获取信息失败。

其次，通过Arduino IDE快捷工具栏中的上传按钮来进行代码的编译与烧写。等待提示上传成功后，Blink代码就已经成功上传到开发板中。如果烧写成功，则可以看到开发板上标注为L的LED灯按照1s的时间间隔闪烁。一些出厂测试时已预先烧写Blink代码的Arduino UNO开发板在刚上电后就会直接出现LED灯闪烁现象。

基于上述流程，我们可以快速地对代码进行修改。例如，可以将delay( )函数的1000ms改为200ms。修改完成后，需要点击“保存”(如果提示内置的样例是只读状态，则可以另存到桌面)，如果程序名字后面的ksai字母消失，则说明已经保存成功。重新点击上传按键将其编译烧写到开发板后，将看到LED灯以更快的频率在闪烁，说明改写是成功的。

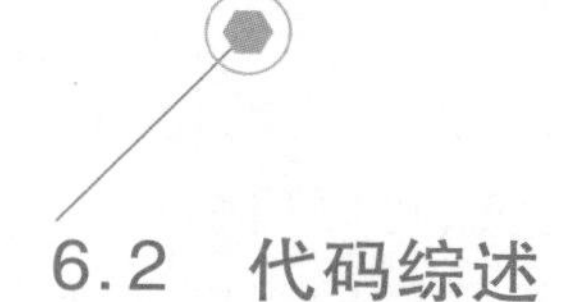

代码综述

6.2 代码综述

本节以 Demo 代码为例，介绍智慧小屋功能的实现。Arduino 的编程使用了基于 Processing 的开发环境和基于 Wiring 的编程语言，语法规则与C++类似，但代码结构更为简单。

6.2.1 按功能对代码进行分块

在智慧小屋的终端，代码要实现的功能大致有以下几个方面。第一步是数据采集，代码要将各种传感器给出的参数转化成直接可用的数字量。第二步是根据采集到的数据，得到执行器的动作，即逻辑控制。第三步是数据上云，传感器感知到的数据包括温度值、土壤湿度情况、执行器的状态、空调是否开启和水泵是否在工作等，需要将这些数据上传到物联网平台，通过物联网为智慧小屋赋能，为进一步开发打下基础。最后一步是实现云端实时对上行数据产生反馈，也即代码要对上行的消息进行解析，对指令做出响应。

在 Demo 代码中，loop( )函数主程序根据以下四个功能进行分块。第一部分 SensorCollect 是传感器数据采集，用于存储传感器数据的变量是 Status pool。如果后续要为智慧小屋添加更多的传感器，可以在代码前部补充定义更多的变量。第二部分注释为 Logic process，功能为逻辑处理，传感器采集到的数值达到阈值后就会触发执行器的动作。第三部分为 upload，其中数据上云部分的代码已经封装成一个函数。最后部分则是指令响应。

6.2.2 智慧小屋搭建中的难点

一是程序运行状态的指示。当程序没有正常运行时，需要知道问题出在哪个环节。通常情况下，开发者会以串口输出运行日志的方式来监控，但 Arduino UNO 开发板仅配备了一个串口，且这个串口需要用来与 Wi-Fi 模块进行通信，因此需要另行选择合适方法来反映运行状态。这里，我们借用执行器中的蜂鸣器，通过响声来指示程序的运行状态。在 Demo 代码中，beep ( ) 函数就可以用来完成这个任务，它只有一个参数，响声的次数可以指示程序的运行状态。上电后，Arduino 会执行 Setup 中的代码，首先是串口初始化，接着是端口、传感器初始化。传感器初始化成功后，蜂鸣器会鸣响一声，接着连续鸣响两声，初始化 Wi-Fi 连接成功，最后连续鸣响三声表示开发板已经与云平台的 MQTT 建立了通信。在这个提示的辅助下，我们就可以清楚知道

程序运行的进程。

二是管理复杂端口。这个问题偏向代码编写技巧的探讨,即宏定义的使用。例如,Demo 代码开头部分的 define 语句就是宏定义。所谓宏定义,可以理解为替换。以端口的宏定义为例,在注释 PinMap 的这段代码中,对所有用到的端口进行定义,比如空调的制冷使用了 2 号引脚,ACTempPin 这串字符就被宏定义为 2。在代码编译过程中,IDE 会自动将代码中所有出现的 ACTempPin 均替换为 2。如果需要修改这个端口,只需要在宏定义处进行修改即可。这可以提升代码的可读性。此外,还可以对执行器的动作进行宏定义,即替换一段代码。执行器动作的宏定义可以方便代码编写。

三是阈值的设置。在智慧小屋的构建中,往往使用光敏传感器采集光照强度数据,以此来控制室内灯光的开关。光照强度变化的过程未必是单一的,而是存在光照强度大小、强度变化快慢的波动,加上传感器采集到的数据本身也会存在一定的误差。因此,传感器的读数可能会有一定幅度的偏差,导致灯反复开、关,这显然是不合理的。为了避免出现这个情况,可以给开灯、关灯设置不同的阈值。整体效果如图 6.1 所示。

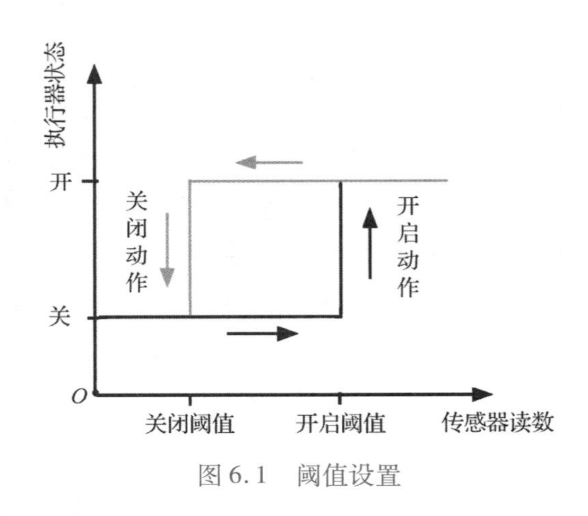

图 6.1　阈值设置

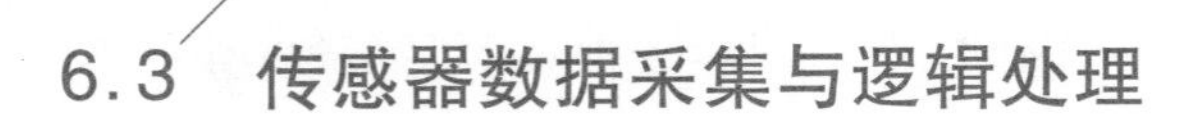

6.3　传感器数据采集与逻辑处理

传感器数据采集与逻辑处理

本节利用 Arduino UNO 来读取传感器的感知数据。

6.3.1　采集与处理湿度、光强等数据

小屋的土壤湿度传感器、光敏传感器、可燃气体传感器的输出为电压值,属于模

拟传感器。这些传感器要求 Arduino 能读取端口的电压数值,并将电压值转换为数字量。实现这一功能的器件是模数转换器(ADC)。Arduino UNO 使用了 10 位分辨率的逐次逼近式模数转换器。模数转换器的工作原理可参见 4.2.2 节。

Arduino UNO 总共有 6 个模拟端口,这些端口都配置了 ADC,编号为 A0 ~ A5。通过 analogRead( )函数,端口的电压值会被转换为一个 0 ~ 1023 的整形数值。数值越大,表示端口的电压越高。更多关于 analogRead ( )函数的信息,可以在 Reference 页面找到。

小屋所使用的土壤湿度传感器的输出电压与土壤湿度构成负相关。土壤湿度越高,输出电压越低;反之,土壤湿度越低,输出电压越高。在这个场景中,当湿度大于开启阈值且水泵原先处于关闭状态时,水泵启动,否则反之。

与土壤湿度传感器相同,光敏传感器的输出电压与光照强度也呈负相关。光照强度越高,输出电压越低。当传感器读数低于某个阈值,认为是白天,此时小屋灯光关闭,窗帘拉开;当传感器读数高于某个阈值,认为是夜晚,此时小屋灯光打开,窗帘闭合。

6.3.2 传感器采集处理温度数据

小屋的温度传感器采用了博世公司生产的 BME280,其采用金属盖 LGA 封装,具有体积小、功耗低、可靠性高的特性。该传感器使用了 IIC 总线传输协议,通过寄存器机制读取。Demo 代码的开发使用了 Adafruit 公司的库支持。访问 Adafruit 官方网站,搜索 BME280,进入商品详情,单击商品描述的最后一行进入 tutorial,在左侧的目录中可以找到 Arduino TEST,里面介绍了在 Arduino UNO 开发板上使用 BME280 的各种细节。library reference 中则给出了库的使用方法。在 Install library 中找到下载链接,进入 GitHub 页面,可以进行库的下载(额外还需要下载一个 Sensor 库)。最终下载好的库文件是两个 ZIP 格式的压缩包,随后进行库的加载。在项目菜单中找到加载库,选择添加 ZIP 库,在桌面找到刚下载的 BME280,打开文件即可。添加成功后,状态栏会提示库已加入。库文件中还提供了样例代码供大家参考。在文件菜单中找到示例,其中会出现刚添加的 BME280。

在库的支持下,读取温度数据就变得很容易。首先要对支持的库进行包含,接着按照库说明中的内容,构造对象。BME280 的初始化使用 begin ( )函数,确认初始化成功后,使用返回温度参数的 API 就可以得到小屋的空气温度。最后,可以用获得的温度参数设计空调的联动场景。当室内温度大于开启阈值,且空调之前处于关闭状态时,空调打开,工作状态会被记录下来。随着制冷片工作,温度逐渐降低,达到关闭阈值时,空调关闭,空调状态变回 OFF。以下为调用 IIC 接口获得数据返回的示例代码。

```
1.  #define BME_SCK 13
2.  #define BME_MISO 12
3.  #define BME_MOSI 11
4.  #define BME_CS 10
5.
6.  Adafruit_BME280 bme; // IIC
```

6.3.3 可燃气检测与 PM2.5 检测

检测到可燃气泄漏时，监测可燃气浓度的模拟传感器的读数会升高，通过 analogRead( )函数读入对应端口的电压值。PM2.5 传感器型号为 CCS811，由 CCS 公司生产，用于检测空气中的含碳化合物浓度和有机气体浓度，与 BME280 相同。在 Adafruit 官网，搜索 CCS811，可以按照相似的步骤完成库文件的下载安装，CCS811 的具体样式如图 6.2 所示。在使用时，首先添加下载的库，接着构造对象并初始化传感器。值得注意的是，CCS811 初始化需要对温度进行校正，校正时先读取传感器的温度，然后输入实际的温度参数。数据采集过程中，同样需要调用 API 采集含碳化合物和有机气体的浓度。

图 6.2　CCS811

在逻辑处理方面，PM2.5 的联动场景比较简单，当检测到空气中含碳化合物的浓度上升，达到开启阈值时，打开排气扇进行通风；当浓度下降，低于阈值时，关闭排气扇。可燃气检测的场景则稍微复杂一些，涉及风扇和蜂鸣器两个执行器。出现可燃气泄漏时，传感器读数升高，达到阈值后，排气扇启动，蜂鸣器发出报警声。此时如果收到云端下发的解除报警消息，蜂鸣器静音，但排气扇依然工作，直到可燃气浓度低于设定阈值,关闭排气扇。值得注意的是,在以上两个场景中,排气扇都作为执行器出现,而排气扇打开这个动作,两个阈值条件只要满足其一即可,即含碳化合物浓度达到开启阈值,或者可燃气浓度达到开启阈值,并且排气扇处于关闭状态,就执行打开排气扇动作。而排气扇关闭的条件恰好相反,可燃气浓度和含碳化合物浓度必须都达到关闭阈值,且排气扇必须处于开启状态。蜂鸣器的开启也需要同时满足两个条件,即可燃气浓度达到开启阈值,且蜂鸣器处于关闭状态。当云端消除报警信息后,蜂鸣器要保持关闭,如果简单的设置为 OFF,在下一个循环中,蜂鸣器又会开启,则无法达到消除报警的效果,所以要为蜂鸣器添加第三个状态 MUTE。在 MUTE 状态下,蜂鸣器同样是不工作的,为了不影响下一次报警的正常触发,需要在可燃气浓度低于关闭阈值时,将蜂鸣器的状态设置为 OFF。

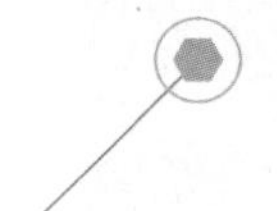

6.4 阿里云配置

在物联网平台的实践部分,设备与云端进行双向连接,主要通过在云端调用物联网平台提供的设备操作能力或者通过可视化编辑创建服务流,完成设备在云端的交互逻辑。按照产品—功能—设备这一逻辑,首先要创建产品,然后添加功能,最后创建具体设备。

在产品管理页面创建产品,产品名称可以命名为“智慧小屋”,所属分类为自定义品类。产品创建成功后,在添加功能之前,必须明确上传数据的范围。Demo 代码中所有的传感器数据与执行器状态在之前都进行了集中定义,因此只要找到 status pool 就能明确数据范围。注意此时要直接使用代码的变量名定义,让平台端与终端保持一致性。其中室内温度为浮点数,单位为摄氏度,定义域为 - 100 到 100。空调状态只有 ON 和 OFF,为布尔型,与风扇、灯光、窗帘类似。

阿里云配置

阿里云物联网平台使用三元组进行设备端的鉴权工作,通常情况下,连接阿里云的模组已经集成了 Link kit SDK,设备将三元组提供给物联网后,平台就可以知道正在上线的是什么设备。标准的 MQTT 协议,有着复杂的报文和鉴权约定,阿里云平台将其简化为三元组,Link kit SDK 通过三元组计算得到鉴权关键字,再由鉴权关键字进行标准 MQTT 连接。由于 EMW3080 模组中并没有集成 Link kit SDK,所以在这里,还需要完成与 Link kit SDK 相关的工作。具体操作可以参考相关网站(https://help.aliyun.com/product/93051.html)中的步骤说明。

6.5 数据上云与指令响应

AT 指令是 Attention 的缩写，最初设计用于 PC 端对终端设备发送命令，由于其简单易用的特点得到了广泛应用。比如，第三代合作伙伴计划（3rd Genevation Partnership Project，3GPP）就曾对 2G 通信模块所使用的 AT 指令做了统一的规定。在物联网应用开发过程中，开发者希望设备与平台交互的数据清晰易读，不仅便于开发过程中进行调试，而且便于后续服务开发。

在智慧小屋的硬件架构中，使用了庆科公司生产的 EMW3080 作为 Wi-Fi 模块，由串口发送 AT 指令对模块进行控制。同 Arduino UNO 一样，Wi-Fi 模块上也集成了处理器模组，主要负责控制 Wi-Fi 模块，实现各种功能。这个处理器模组中的代码是固件，大多数情况下，用户无法进行二次开发。此时，AT 指令就成了 Arduino 与 Wi-Fi 模块的沟通桥梁。

数据上云与指令响应

以 Wi-Fi 配置的指令为例，当小屋所处的环境中配置了 Wi-Fi 接入热点时，通过串口向模块发送指令，会执行响应的操作，从而接入互联网。接入操作包含的各种动作，例如申请 IP 地址、接入网关、配置 DNS 服务器等，都由模块的 SoC 完成。模块的生产公司提供了关于模块使用的详细资料。

Arduino UNO 开发板搭载了 TTL 到 USB 的转换芯片，利用该转换芯片，通过串口助手向模块发送 AT 指令。首先可以发送 AT 来确认指令的接收情况。AT 指令的发送以换行符为结束标志，发送串口输入 AT，按下回车键或输入“\ r”，单击发送，若黑色的接收窗口显示“OK”，则表示指令发送成功。为了更直观地表现指令的发送和回复，可以打开指令回显（模组在接收指令后，立即将收到的指令发送回来）。打开指令回显功能后，再发送 AT，就可以看到串口首先接收到回显的 AT，其次将显示“OK”。网络连接测试方面，需要发送构造的 WJAP 指令，若回复“station UP”，则说明连接成功。AT 指令的功能与相应含义如图 6.3 所示，利用 AT 指令进行 MQTT 协议连接与配置的相关情况如图 6.4 所示。

通过 AT 指令可以实现与 Wi-Fi 模组的交互。Wi-Fi 连接成功后，需要进一步建立与物联网平台的 MQTT 连接。在数据上传内容的实现上，考虑到内存资源的限制，指令 Buffer 不能过长，所以需要将数据分为两组。由宏定义可以看到，预设好的物模型，使用 propertypost 的方法将数据上传到 Topic 中，上传操作集成在 upload（ ）函数中。由于在 Arduino IDE 中\%f 格式符不能被正确地识别，单精度浮点数的温度信息需要经过处理，拆分为两个整数后才能上传。

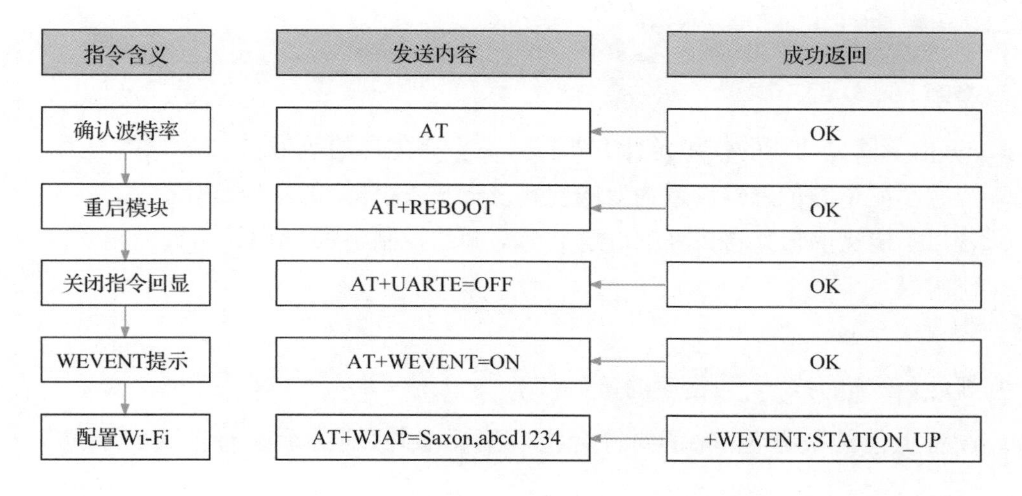

图6.3　AT指令功能

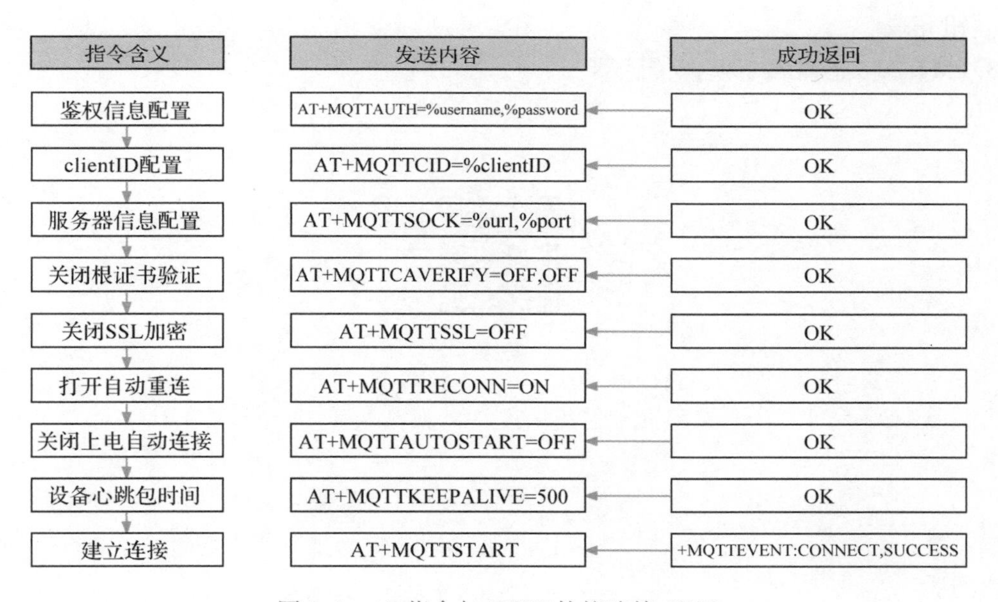

图6.4　AT指令与MQTT协议连接、配置

以小屋中的蜂鸣器Buzzer为例来说明下行消息的解析。Buzzer被预先设置为枚举型,012分别代表OFF、ON、MUTE三种状态,在平台下发静音指令后,Wi-Fi模块会向Arduino串口发送数据。Buzzer对关键字“2”进行检测,若收到该参数,则说明平台下发了静音指令。

第6章 习题

思考题

1. AT 指令回显功能的作用是什么？打开后会有怎样的效果？
2. 智慧小屋中的传感器设置为双阈值触发形式，这样做的好处是什么？
3. 若以宏定义的形式将2号端口定义为空调的控制引脚（ACPin），请写出宏定义代码。

判断题（正确的打“√”，错误的打“×”）

1. 设备上传的数据包，除了要符合物模型标准外，还必须含有正确的单位。（　　）
2. 要将 Arduino IDE 中编写的代码烧写到开发板中，可点击快捷工具栏的上传按钮完成。（　　）
3. PM2.5 传感器属于模拟传感器。（　　）

答案

CHAPTER 7

第 7 章

基于软件和硬件的云—端通信

前面的章节已经系统介绍了阿里云设备的创建、物模型的 JSON 表示方式、MQTT 中重要的一些报文和 Arduino 接口。本章节将把上述内容关联起来,着重介绍 MQTT 与阿里云连接过程中涉及的软硬件操作。

本章的学习要点包括:

1. 使用 MQTT.fx 模拟软件实现模拟设备与云端的 MQTT 通信,深入理解 MQTT 订阅和发布的方式;

2. 利用 AT 指令,连接开发板到阿里云,采用 AT 指令进行订阅和发布。

7.1 调试软件 MQTT.fx 连接阿里云

MQTT.fx 是一款基于 Eclipse Paho，使用 Java 语言编写的 MQTT 客户端，支持 Windows、Mac 和 Linux 操作系统，可用于验证设备是否可与物联网平台正常连接，并通过 Topic 订阅和发布消息。借助 MQTT.fx 可以较为方便地进行 MQTT 连接调试工作，本节将以 Windows 系统下 MQTT.fx 为例，介绍如何模拟设备通过 MQTT 协议接入物联网平台。

MQTT 软件下载

MQTT.fx 连接阿里云所需的设备证书信息（ProductKey、DeviceName 和 Device Serect），可以通过在阿里云物联网平台控制台创建产品和设备得到。

7.1.1 MQTT.fx

MQTT 多年来一直被用作机器通信的消息协议。自 2013 年起，MQTT 被结构化信息标准促进组织（OASIS）定为物联网协议。MQTT.fx 软件自 2014 年出现至今，已经更新到 5.0 版本。MQTT.fx 在开发、生产和测试 IoT 相关产品中有着广泛的应用。

MQTT.fx 软件允许用户在为其编写代码之前先连接到开发或生产代理，并借此连接测试用户的项目。由于无须编程即可运行这些测试用例，所以用户的手动工作量显著减少，软件的质量也得到显著提高。

MQTT.fx 软件的强大之处还在于，用户可以在传输的报文消息中看到所传输的文件类型，例如 Json、XML、ini 等。在设备端，用户可以依照这些文件类型相应地进行负载解码工作，使整体流程更加灵活。

相对于之前版本而言，MQTT.fx 5.0 版本额外提供了以下几个重要特性：

（1）连接代理时可以进行连接配置文件的部署，通过连接配置文件来自定义用于代理连接的参数。

（2）增加了安全特性，提供基于用户名和密码的访问连接，支持安全套接字层/传输层安全协议（secure socket layer，SSL）/（transport layer security，TLS）这一计算通信加密技术。

（3）发布和订阅完全支持通配符模式，也完全支持订阅主题产生历史记录的功能。

（4）发布信息时，支持消息负载内容类型的自由定义和选择。

（5）接收消息时，显示消息负载的内容类型，并可以自动地根据内容类型选择有效的负载解码器来显示负载信息。

(6)支持超文本传输协议(hypertext transfer protocol,HTTP)代理。

7.1.2 MQTT.fx 的接入过程

使用 MQTT.fx 接入阿里云时,一般需要执行以下主要操作:访问 MQTT.fx 官网,下载并安装 MQTT.fx 软件;打开 MQTT.fx 软件,单击菜单栏中的"Extras",选择"Edit Connection Profiles",设置连接参数;点击"Connect"按钮进行 MQTT 连接。其中较为重要与复杂的过程是参数设置操作,需要设置的连接参数及对应的设置方法有以下几项。

1. 基本信息设置

建立 MQTT 通信连接之前,必须明确一些关键的连接参数——配置文件名称与配置文件类型(Profile Name and Profile Type)、目标代理的地址与端口号(Broker Address and Broker Port)、客户端信息(Client ID)和连接状态参数(如 General 栏下的保活时间间隔、连接超时时间和最大连接数等)。没有这些参数,软件将无法得知要从哪一个客户端出发和哪一个代理(服务器)的地址建立什么样的 MQTT 连接,也无法通过连接状态参数控制连接状态。

各项参数说明如表 7.1 所示。需要注意的是:MQTT.fx 的 Client ID 和设备的 ${ClientId}并不一样;参数之间及最后的竖线"|"是必须的;参数值中或参数值的前后均不能有空格;输入 Client ID 信息后,不能直接点击"Generate"进行生成操作。

表 7.1 Profile 各项参数说明

参数	说明
Profile Name	输入自定义名称
Profile Type	选择为 MQTT Broker
MQTT Broker Profile Settings	
Broker Address	连接域名: ${YourProductKey}.iot-asmqtt.${region}.aliyuncs.com ${region}需替换为物联网平台服务器所在地代码,地域代码请参见地域和可用区,如:alxxxxxxxxxx.iot-as-mqtt.cn-shanghai.aliyuncs.com
Broker Port	设置为 1883

续 表

参数	说明
Client ID	格式如下： \${clientId}|securemode = \${Mode},signmethod = \${SignMethod},timestamp = \${timestamp}| 完整示例如下： 12345|securemode = 3,signmethod = hmacsha256,timestamp = 2524608000000|,其中 12345 为设备 ID,可取任意值(64 字符内),一般建议使用设备的 MAC 地址或 SN 码;securemode 为安全模式,TCP 直连模式设置为 securemode = 3,TLS 直连为 securemode = 2;算法类型(signmethod),支持 hmacmd5 和 hmacsha1
General：General 栏下的设置项可保持默认,也可根据需求设置	

2. 用户凭证设置

为确保安全连接,向云端发起 MQTT 协议通信时需要提供用户凭证。单击"User Credentials"即可设置 User Name 和 Password,具体如表 7.2 所示。这个过程中需要注意:设置 Client ID 时,若已修改获取值中 \${ClientId}、\${SignMethod}的设置,则必须保证加密参数的值与 Client ID 中对应参数值一致,再依照一致的参数重新计算出 Password。

表 7.2　用户各项参数说明

参数	说明
User Name	由设备名 DeviceName、and(&)和产品密钥 ProductKey 组成 固定格式：\${DeviceName}&\${ProductKey}
Password	通过选择的加密方法,以设备的 DeviceSecret 为密钥,将参数和参数值拼接后,加密生成 Password 可以使用物联网平台提供的生成工具自动生成 Password,也可以手动生成 Password

3. SSL/TLS 加密设置

如果在第一步选择 TCP 直连模式(securemode = 3),则无须设置 SSL/TLS 信息,直接进入下一步,因为 TCP 直连时舍弃了计算机网络应用层创建套接字后的安全加密操作,直接明文传输报文信息。

在 TLS 直连模式(securemode = 2)下,需要进行 SSL/TLS 加密设置,即勾选"Enable SSL/TLS”并设置 Protocol。一般情况下,建议 Protocol 选择为“TLSv1.2”,密钥算法(Key Algorithm)设置为 RSA。

上述过程设置完成后,单击“Connect”就可以进行连接。如果 MQTT.fx 软件界面右上方出现绿色的球,则表明连接成功。同时,在云平台上的设备管理界面中,用户可观察到设备的在线状态。

7.1.3 利用 MQTT.fx 的 Subscribe 测试下行通信

实际部署中,从物联网平台发送的消息,可以在 MQTT.fx 上接收。测试 MQTT.fx 与物联网平台连接是否成功的过程包含以下步骤:

(1)在云平台中选择需要订阅的 Topic,并将 MQTT.fx 所模拟的设备添加到该 Topic 对应的设备中。

(2)在 MQTT.fx 上,单击“Subscribe”,输入一个设备具有订阅权限的 Topic,单击“Subscribe”,订阅这个 Topic。订阅成功后,该 Topic 将显示在列表中。

Topic 的选择可由用户自行决定,但需要满足固定格式:/a1 ***/${deviceName}/user/get,下面是 Topic 书写范例:

```
1. {
2.        /a15rpqRaNe6/test001/user/get
3. }
```

(3)返回物联网平台,进入设备详情页面,在 Topic 列表下,单击已订阅 Topic 对应的发布消息,输入消息内容并点击“确认”,即可实现消息发布。

(4)如之前配置成功,此时 MQTT.fx 上会接收到该 Topic 所发布的消息。

(5)回到物联网平台,在设备详情页面,单击“日志服务”中的“前往查看”,可以查看先前云端所发送到设备的消息。

7.1.4 使用 MQTT.fx 的 Publish 上传数据到云

MQTT.fx 软件与云端建立的通信是双向的,除订阅之外,还可以实现发布功能,使操作者可以自由上传自己所需的数据到阿里云,相应的操作步骤如下:

(1)在物联网平台控制台对应实例下的产品详情页面,单击“Topic”类列表—自定义 Topic,找到一个具有发布权限的自定义 Topic,并以“/a1 ***/${deviceName}/user/update/error”格式将设备绑定到该 Topic 中。

(2)在 MQTT.fx 上,单击“Publish”,输入选定的具有发布权限的 Topic 和要发送的消息内容,向这个 Topic 推送一条消息。

(3)在物联网平台控制台中,该设备的“设备详情”—“日志服务”—“上行消息分析”栏下,查看上行消息。

如果以上过程中发生错误,则可以在 MQTT. fx 上单击“Log”查看操作日志和错误提示日志,有针对性地进行修改。

上面的 Publish 由于没有采用 JSON 格式进行传输信息,只能在自定义的 Topic 中传输信息。如果要在默认的 Topic 中传输信息,并且能被阿里云平台识别,就必须采用 JSON 格式。

例如,我们可以在物模型中选择“属性发布”的主题,测试 JSON 格式 Publish 数据上传功能,点击“Publish”按钮,发送以下的 JSON 格式的数据:

```
1. {
2.     "method":"/sys/a15rpqRaNe6/test001/thing/event/property/post",
3.     "id":"1975252554",
4.     "params":{"temp_high":35},
5.     "version":{"1.0.0"}
6. }
```

其中,method 对应目标主题位置,id 为目标辨识符,params 对应希望修改的数据,version 为所选版本。完成此操作后,params 参数下的“temp_high”,也即高温告警数据会随之改为设定值——35℃。

因为 params 中允许写入多个数据,所以可以在一条指令中完成多个参数的上传,例如同时将 Temp_low = 21, Temp_high = 24, Frequency = 3, Temperature = 42 四个参数上传到云平台。同之前一样,上传完成后,云端也会发生相应变化。详细代码如下:

```
1. {
2.     "id" : "1803274807",
3.     "params" :{
4.         "Temp_low" : 21,
5.         "Temp_high":24,
6.         "Frequency":3,
7.         "Temperature":42
8.     },
9.     "version": "1.0",
10.    "method": "thing.event.property.post"
11. }
```

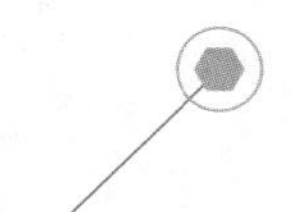

7.2 Arduino 连接阿里云

本节我们以 Arduino 开发板为例,一步一步分析如何在真实硬件中使用 AT 指令和阿里云连接,并且解析数据。AT 指令是应用于终端设备与 PC 应用之间的连接与通信的指令。每个 AT 命令行中只能包含一条 AT 指令。对于 AT 指令的发送,除 AT 两个字符外,最多可以接收 1056 个字符的长度(包括最后的空字符)。

由于各大通信厂商的支持,目前 AT 指令在通信模块控制方面有着较为优秀的表现。通过了解 AT 指令,我们可以理清通信程序的来龙去脉,了解编写的方式,同时也更清楚 Arduino 设备端将数据打包上云的过程。

7.2.1 连接阿里云:Arduino 的配置与测试

使用 AT 指令与阿里云连接

通过 Arduino 的串口连接 Wi-Fi 模块时,Wi-Fi 模块规定了上传数据的方法,因此需要根据模块的需求来编写程序。模块的数据格式和定义可参考上海庆科的网站:https://docs.mxchip.com/。

为了配置 Wi-Fi 模块使其与阿里云连接,需要在 Arduino 中执行以下操作来测试 Arduino 能否正常通过 AT 指令与 Wi-Fi 模块交互。

STEP 1:接入 Arduino 开发板的电源引脚,使其通电,接着直接新建空白 Arduino 工程。在编译后,将该空白工程烧写到 Arduino 中。如图 7.1 所示,使用红色的连接线连接 Wi-Fi 模块的 Tx0 引脚与开发板的 Rx0 引脚,灰色的线连接剩余的 Rx 与 Tx 引脚。这样连接之后,Arduino 开发板搭载的串口芯片从串口接收计算机发出的信息,再通过开发板的 Rx 引脚传出,到达 Wi-Fi 模块的接收端口——Tx 引脚,形成了指令传输的通道。

STEP 2:使用 PC 端的串口监视软件(如 XCOM)进行指令发送准备。打开端口,设置波特率为 115,200,即可实现对 EMW3080 模块的直接控制。

STEP 3:连接 Wi-Fi 或手机热点后,可以通过串口监视软件发送所有的 AT 指令建立连接。如果第一条指令 AT 返回 ERROR,则可以通过重发解决。当然,在最终的应用场景里,AT 指令将由开发板根据自身需要发出。

7.2.2 连接阿里云:Arduino 的 AT 指令编写

完成开发板的 Wi-Fi 模块配置后,我们已经确保了硬件的正常联通工作,也通过软件测试,完成了通信功能的验证,随后就可以通过 Arduino IDE 构建连接云端的代

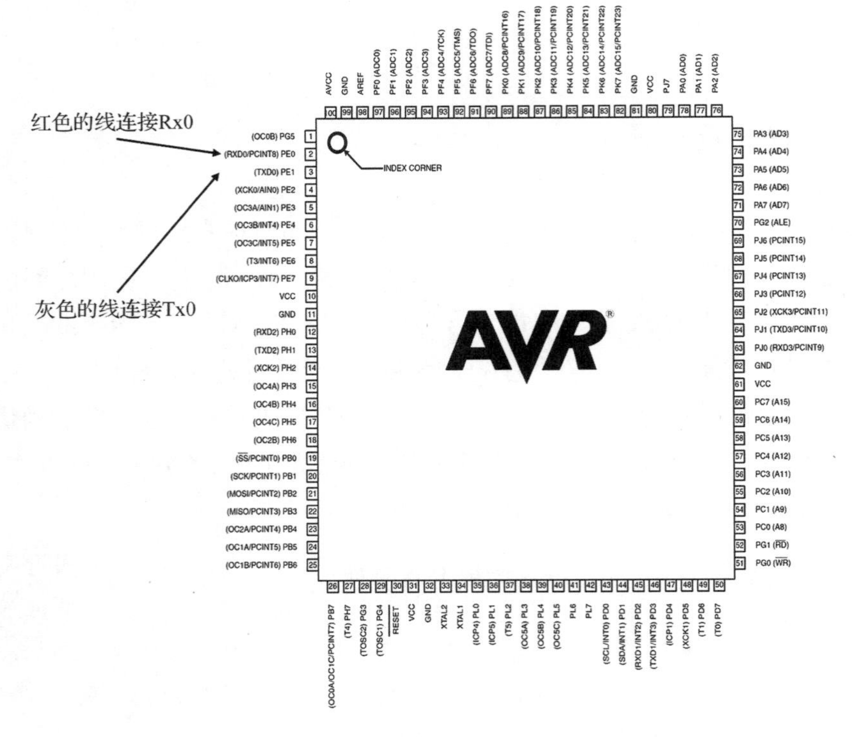

图 7.1　监控 AT 指令的接法

码,并将代码烧写到开发板中,实现 Arduino 硬件与云的连接。

与 MQTT. fx 连接云端类似,Arduino 连接云端时也需要设备证书及产品证书等信息。在 MQTT 鉴权时,如果不能提供证书信息,则无法正常通信。为了保证无线通信可以正常工作,我们还需要配置参数,将 Wi-Fi 模块接入 Wi-Fi 网络。以上这些参数信息一般都通过宏定义的方式编码在程序的开头,后续如果有其他需要,也可以较为方便地修改这些参数。如果程序规模较小,也可以直接在程序中编写,不使用宏定义参数。

连接信息都预备充分后,可以进行通信主体的编程,也即编写 AT 指令建立通信这一过程所需要的代码。例如,下面的代码就展示了通过 AT 指令建立 MQTT 连接时,不可或缺的几个重要部分:Wi-Fi 连接、MQTT 鉴权和通信开始,其余部分设置则见代码中的注释说明。

```
1. {
2.     //命令起始
3.     AT
4.     //回显指令
5.     AT + UARTE = ON
6.     //连接 Wi – Fi(需要视情况更改此项参数)
7.     AT + WJAP = Saxon6,abcd1234
```

```
8.      //开启通知
9.      AT + WEVENT = ON
10.      //重启
11.      AT + REBOOT
12.      //MQTT 鉴权:
13.      AT + MQTTAUTH = 设备名\& 产品名称和 MQTT 软件中计算出来的密钥
14.      AT + MQTTAUTH = test001\&a15rpqRaNe6,E2BCADA5D337B0F2BD310CCAD31341AA70AEBF9
15.      //MQTT 鉴权:
16.      AT + MQTTCID = 设备 ID|securemode = 3\,signmethod = hmacsha1\,timestamp = 999|
17.      AT + MQTTCID = example|securemode = 3\,signmethod = hmacsha1\,timestamp = 999|
18.      //MQTT 鉴权:
19.      AT + MQTTSOCK = 产品名. iot - as - mqtt. cn - shanghai. aliyuncs. com,1883
20.      AT + MQTTSOCK = a15rpqRaNe6. iot - as - mqtt. cn - shanghai. aliyuncs. com,1883
21.      //AT + MQTTAUTOSTART = OFF
22.      AT + MQTTAUTOSTART = OFF
23.      //心跳包时间(单位为 s),在 1.5 倍时间断开,约 13min
24.      AT + MQTTKEEPALIVE = 500
25.      //开始连接
26.      AT + MQTTSTART
27. }
```

可以注意到,鉴权信息与上一节提到的 MQTT. fx 连接云端时的参数信息有共通之处,主要区别在于:本节介绍的连接方法通过 AT 指令在硬件上发起携带有相关参数的 MQTT 连接,而上一节中,MQTT. fx 软件通过可视化界面进行参数配置,由软件模拟发起 MQTT 连接。

AT 指令执行完成后,打开阿里云,就可以看到设备在线了。如果上述指令执行过程中出现错误,则需要重新发送。通过 check_send_cmd( )函数,我们可以判断指令发送成功与否,函数返回值若为真,则说明正常发送,反之则说明未发送成功。

我们可以加入以下两个 Arduino 例程函数来为指令语句发送增加保险机制:

```
1. bool Wi - Fi_init( )
2. {
3.      bool flag;
4.      flag = check_send_cmd (AT, AT_OK, DEFAULT_TIMEOUT);
5.      if(! flag)return false;
6.
7.      flag = check_send_cmd(AT_REBOOT, AT_OK, 20);
```

```
8.      if(! flag)return false;
9.      delay(5000);
10.
11.     flag = check_send_cmd(AT_ECHO OFF,AT_OK, DEFAULT_TIMEOUT);
12.     if(! flag)return false;
13.
14.     flag = check_send_cmd(AT_MSG_ON, AT_OK, DEFAULT_TIMEOUT);
15.     if(! flag)return false;
16.
17.     cleanBuffer (ATcmd, BUF_LEN) ;
18.     snprintf(ATcmd, BUF_LEN, AT_Wi-Fi_START, Wi-Fi_ssid, Wi-Fi_psw);
19.     flag = check_send_cmd(ATcmd, AT_Wi-Fi_START_SUCC, 20);
20.     return flag;
21. }
22.
23. bool Ali_connect()
24. {
25.     bool flag;
26.
27.     cleanBuffer(ATcmd, BUF_LEN);
28.     snprintf(ATcmd, BUF_LEN, AT_MQTT_AUTH, DeviceName, ProductKey, password);
29.     flag = check_send_cmd (ATcmd, AT_OK, DEFAULT_TIMEOUT);
30.     if(! flag)return false;
31.
32.     cleanBuffer(ATcmd, BUF_LEN);
33.     snprintf(ATcmd, BUF_LEN, AT_MQTT_CID, clientIDstr, timestamp);
34.     flag = check_send_cmd(ATcmd,  AT_OK, DEFAULT_TIMEOUT);
35.     if(! flag)return false;
36.
37.     cleanBuffer(ATcmd, BUF_LEN);
38.     sprint (ATcmd, BUF_LEN, AT_MQTT_SOCK, ProductKey);
39.     flag = check_send_cmd(ATcmd,  AT_OK, DEFAULT_TIMEOUT);
40.     if(! flag)return false;
41.
42.     flag = check_send_cmd(AT_MQTT_AUTOSTART_OFF,AT_OK, DEFAULT_TIMEOUT);
43.     if(! flag)return false;
44.
```

```
45.     flag = check_send_cmd(AT MQTT ALIVE,AT_OK, DEFAULT_TIMEOUT);
46.     if(! flag)return false;
47.
48.     flag = check_send_cmd(AT_MOTT_START, AT_MOTT_START_SUCC, 20);
49.     if(! flag)return false;
50.
51.     cleanBuffer(ATcmd, BUF_LEN) ;
52.     snprintf(ATcmd, BUF_LEN, AT_MOTT_PUB_SET, ProductKey, DeviceName);
53. }
```

值得注意的是,开发板数据在串口传输时,可能会遭遇数据过长被截断的问题,如字符串被截去了后面一段,只剩64字节。现象发生的原因是,64字节是Arduino的默认缓冲大小设置,超出的部分会被舍弃。只要扩展缓冲区至256或512字节就可解决问题,在具体实现上,可以修改HardwareSerial.h头文件中的相关参数来改变缓冲区大小。

7.3 硬件设备使用AT指令进行MQTT订阅、发布

上一节介绍了如何在Arduino开发板上使用AT指令与云端建立MQTT通信,本节将在此基础上进一步介绍如何使用AT指令进行MQTT订阅与发布,还将介绍如何使用编程的方法代替直接的指令输入,实现高可维护性、高易读性的MQTT PUB通信。

7.3.1 AT指令SUB部分说明

使用AT指令进行订阅时,需要指定订阅的Topic和订阅号,Topic也即上一节中云端所设置的MQTT主题,具体指令格式如下:

```
1. {
2.     AT+MQTTSUB = 1,/sys/a15rpqRaNe6/test001/thing/service/property/set,1
3. }
```

执行指令后,可以得到的相应结果为:

```
1. {
2.     "+MQTTEVENT:1,SUBSCRIBE,SUCCESS"
3. }
```

订阅自定义 Topic：

```
1. {
2.      AT + MQTTSUB  = 3,/a15rpqRaNe6/test001/user/get,1
3. }
```

得到的结果为：

```
1. {
2.      " + MQTTEVENT:3,SUBSCRIBE,SUCCESS"
3. }
```

如果在云端下发改变频率数值的指令，则在硬件端可以得到相关的订阅结果为：

```
1. {
2.      + MQTTRECV:1,98,
3.      {
4.          "method":"thing. service. property. set","id:43163246",
5.          "params":{"Frequency":1},"version":"1.0.0"
6.      }
7. }
```

其中，“1”代表的是订阅号，“98”代表的是上述代码中 method、params 字符的数量。

7.3.2 AT 指令 PUB 部分说明

使用 AT 指令进行 MQTT 的发布操作时，也需要指定发布的 Topic，格式同 SUB 一致，为“AT + MQTTXXX + 地址 + 编号”。具体设置如下：

```
1. {
2.      AT + MQTTPUB  = /sys/a15rpqRaNe6/test001/thing/event/property/post,1
3. }
```

发布具体消息或进行参数设置时，用到的是指令中的 AT + MQTTSEND，如果发布成功，则在云端可以看见相应的数据流。具体设置代码如下：

```
1. {
2.      AT + MQTTSEND  = 122,
3.      {
4.          "method":"/sys/a15rpqRaNe6/test001/thing/event/property/post",
5.          "id":"109342997",
```

```
6.        "params" : { "Frequency" :7 } ,
7.        "version" : "1.0"
8.    }
9.    //"122"是后面字符串的长度
10. }
```

7.3.3 带有 PUB 功能的 AT 指令程序编写

实际使用过程中,我们往往需要在开发板上编写程序来实现 MQTT 连接。这一过程中没有直观的串口助手辅助,我们无法直接在某个界面中输入 AT 指令,而是需要将 AT 指令编入代码,并烧写到开发板中,以此实现指令发送。

具体编程方法可见下列示例代码,代码实现的功能是发布 PhotoResistors 的值。

```
1.  bool Upload( )
2.  {
3.      bool flag;
4.      int len;
5.
6.      int PhotoResistors = 1024 - analogRead( A2) ;
7.      cleanBuffer (ATcmd, BUF_LEN) ;
8.      /*
9.      ** snprintf 是 sprintf 的安全版本,当输入的字符大于 size - 1 时会将后面的字符丢弃
10.     ** snprintf 返回值为字符串的真实长度
11.     */
12.     snprintf (ATcmd, BUF_IEN, AT_MQTT_PUB_RET,ProductKey, DeviceName) ;
13.     flag = check_send_cmd( ATcmd, AT_OK, DEFAULT_TIMEOUT) ;
14.
15.     cleanBuffer( ATdata, BUF_LEN_DATA) ;
16.     len = snprintf( ATdata, BUF_LEN_DATA, JSON_DATA_PACK, PhotoResistors) ;
17.
18.     cleanBuffer( ATcmd, BUF_LEN) ;
19.     snprintf( Alcmd, BUF_LEN, AT_MQTT_PUB_DATA, len - 1) ;
20.
21.     /* 检测是否有" >"回应 */
22.     flag = check_send_cmd( ATcmd," > ", DEFAULT_TIMEOUT) ;
23.     if (flag) flag = check_send_cmd( ATdata, AT_MQTT_PUB_DATA_SUCC, 20) ;
24.     return flag;
25. }
```

上述代码主要分为以下几个关键部分:首先,在 snprintf( )函数中,我们将预先定义好的宏以及凭证信息填充进“ATcmd”中,使得“ATcmd”承载了连接发起的 AT 指令;其次,使用 check_send_cmd( )函数发送指令,通过检查返回值是否为真,可以校验发送是否成功;再次,我们将需要发布的 PhotoResistors 具体数值填充进“ATcmd”,并使用 check_send_cmd( )函数发送并检验;最后,我们获取返回值,并检验返回值是否携带返回专有的标识符。在以上几个步骤里,我们使用宏组成了 AT 指令并发送了指令,也使得代码更加易懂,避免了直接编写复杂的 AT 指令。

第7章 习题

思考题

1. MQTT. fx 连接物联网平台是基于什么通信方式?
2. 除 MQTT. fx 外,还有哪些方式可以接入云平台?
3. 日志对于消息查看的作用与意义何在?

判断题(正确的打"√",错误的打"×")

1. MQTT. fx 接入物联网平台需要事先完成设备创建。 ( )
2. MQTT. fx 模拟的在线设备,仅支持非透传消息通信。 ( )
3. 在日志服务页面,可以查看云端设备消息。 ( )

答案

CHAPTER 8

第 8 章

IoT Studio 服务规则编排

IoT Studio 是阿里云针对物联网场景提供的开发工具,可覆盖各个物联网行业的核心应用场景,帮助用户经济高效地完成设备、服务及应用开发。IoT Studio 提供了移动可视化开发、Web 可视化开发、服务开发与设备开发等一系列便捷的物联网开发工具,解决了物联网开发领域中开发链路长、技术栈复杂、协同成本高、方案移植困难等问题,重新定义了物联网应用开发。

本章的学习要点包括:

1. 了解阿里云 IoT Studio 平台;
2. 学习 IoT Studio 服务开发流程;
3. 学习 IoT Studio 服务开发案例。

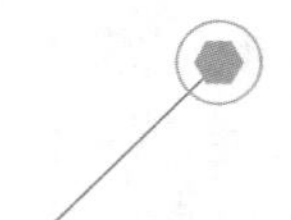

8.1 IoT Studio 服务编排

IoT Studio 服务编排规则

IoT Studio 通过定义统一的设备模型标准解耦物联网软硬件开发，并在软硬件各开发环节中，提供丰富的 SDK、框架、调试开发工具与服务，打通物联网开发的设备层、平台层与应用层，为开发者提供一站式的物联网应用云—边—端开发能力。本节介绍 IoT Studio 的产品架构以及服务编排的内容流程。

8.1.1 IoT Studio

本章介绍的是 IoT Studio 的流式服务编排功能，它使用图形化配置和拖拽的方式实现物联网应用的无码化开发。在传统行业所关心的后端服务方面，IoT Studio 提供了标准化的流式可视化服务编排工具对接众多阿里云产品及服务。在工具中可通过拖拽连线的方式快速编排出应用 API 服务，服务流中各节点通过选项、脚本配置即可调试上线，极大地节省了传统后端的开发运维成本。

IoT Studio 本身是一个庞大而复杂的系统，图 8.1 是其产品架构。

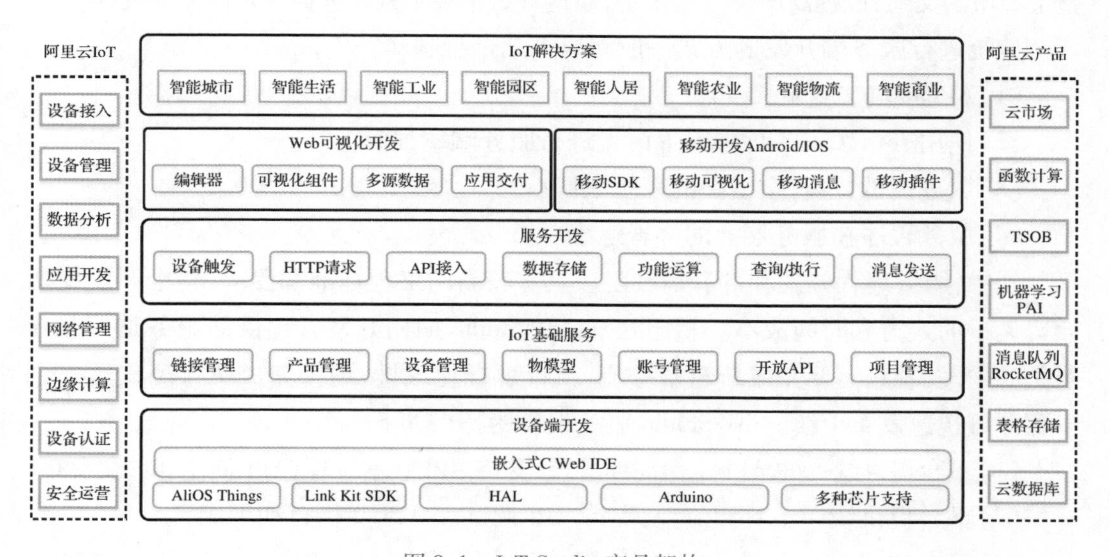

图 8.1 IoT Studio 产品架构

8.1.2 IoT Studio 服务开发

通过前面章节的介绍与学习，我们已经能够实现设备的接入与数据的流通，完成硬件开发中的“上云”部分，而物联网应用的后台还需要有稳定的服务来支撑。服务可以将海量设备统一进行管理,支撑前端应用的数据交互,实现业务处理的正常运转,还可以将物联网大量的数据利用起来,产生数据价值。服务在形态上表现为一组API的集合,而IoT Studio对传统意义上的API服务进行了拓展,在服务中添加了物联网应用场景中设备的角色。IoT Studio上的服务可以被设备的属性以及事件触发,使用IoT Studio编排的服务可直接对设备的服务发起调用。IoT Studio服务编排还支持将设备数据转发到关系型数据库、MQ消息队列等阿里云产品中。

IoT Studio编排最大的特色是具有流式可视化编排工具。流式可视化编排工具通过编排API请求—服务/路由/脚本—API返回节点完整的API链路,实现开发过程的无码化。流式可视化编排工具还提供单节点粒度的API调试,并支持API发布与托管,支持HTTP/HTTPs协议下RESTfulAPI的调用。

服务端在执行复杂业务逻辑的同时,还可以处理来自用户和物联网设备的海量数据,并在这方面已经实现了许多成熟的标杆工程。例如,2018年淘宝"双十一"总成交额达到2135亿元,"双十一"的成果背后是稳定可靠的服务程序和计算资源支撑,订单生成流转的同时,服务系统还会将各类交易数据分析整理出来,这样不仅可以实时获取交易情况,还能知道不同类型的用户喜欢哪些种类的商品。又如,杭州城市大脑也是著名的物联网应用标杆工程,其将海量的交通探头和信号灯协调起来,优化整个城市的交通,以提高市民生活水平,而这背后也离不开庞大而稳定的服务支撑。

传统进行服务端开发的方式一般有以下几个步骤:

(1)API接口文档定义。

(2)使用Java、C++、Python等语言进行服务端编程。

(3)服务测试,进行全链路的系统联调。

(4)服务程序在服务器上的部署运维。

其中,服务编程开发和部署运维阶段具有较高的工程标准和要求,整个开发周期耗费大量的人力和时间成本。相比之下,IoT Studio面向开发者提供的服务是无服务器化的,开发者只需要完成新建服务流、执行可视化编排、编排完成执行测试这三个步骤即可快速发布上线。IoT Studio服务编排的特点如下:

(1)平台提供统一的API生命周期管理,支持API版本管理,API创建、调试、发布。

(2)平台提供统一工具和流程,支持API调试和API文档自动生成。

(3)平台提供统一安全加密和权限控制,服务接口通过统一网关凭密钥进行鉴权。

(4)服务可与移动应用(插件)、Web应用(插件)进行无缝集成,提高开发效率。

(5)平台提供了可视化流式服务编排工具,可以用图形化的服务编排工具开发出一个完全托管的服务,降低了服务开发的门槛。

综上所述,传统服务开发和IoT Studio服务开发的区别如表8.1所示。

表 8.1　传统服务开发和 IoT Studio 服务开发对比

	传统服务开发	IoT Studio 服务开发
步骤	API 接口定义 服务编程 服务测试 平台部署运维	新建服务流 可视化编排配置节点 服务测试
特点	耗费大量的人力和时间成本	设备数据实时解析处理 Serverless 无服务器化部署 无缝对接云产品生态 开放 API 打通私有业务

8.1.3　IoT Studio 服务开发案例

下面结合具体的例子介绍流式服务编排的开发方式。设想一个智能家居场景，为了自动控制家中灯的开关，可以利用人体传感器和门磁传感器检测用户“回到家中”和“离开家中”两种行为，以及“在家中”和“不在家中”两种状态，当检测到“回到家中”的行为和“在家中”的状态时，自动将灯打开；而检测到“离开家中”的行为和“不在家中”的状态时，自动将灯关闭。一个简单的智能开关灯控制流程如图 8.2 所示。

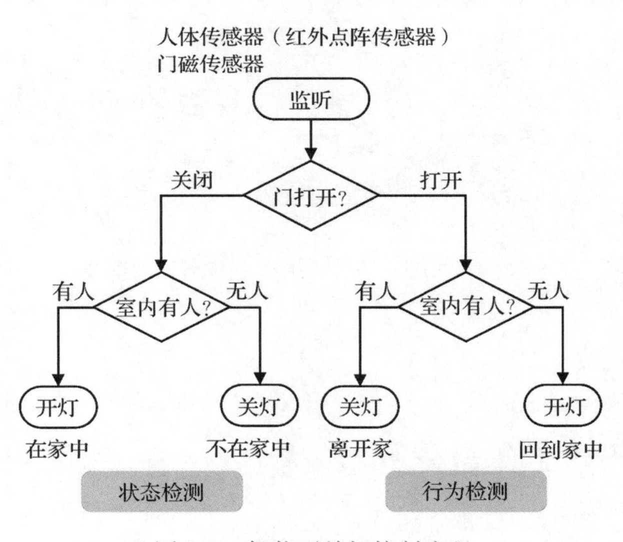

图 8.2　智能开关灯控制流程

首先，门磁传感器检测门是否打开，在检测到门打开的瞬间，然后由人体传感器检测室内是否有人：若没有人则为回家还未进门，对应“回到家中”的行为，此时应打开灯；若有人则对应“离开家中”的行为，可关闭灯。同理，可以通过门的开关状态和室内是否有人检测“在家中”和“不在家中”两种状态，从而进行相应的自动开关灯操作。

在 IoT Studio 服务开发中,用户可以方便地将其构思的流程图转变成可以运行的服务流。通过拖拽配置的方式编排上述设备联动的服务,智能开关灯的 IoT Studio 服务编排如图 8.3 所示。

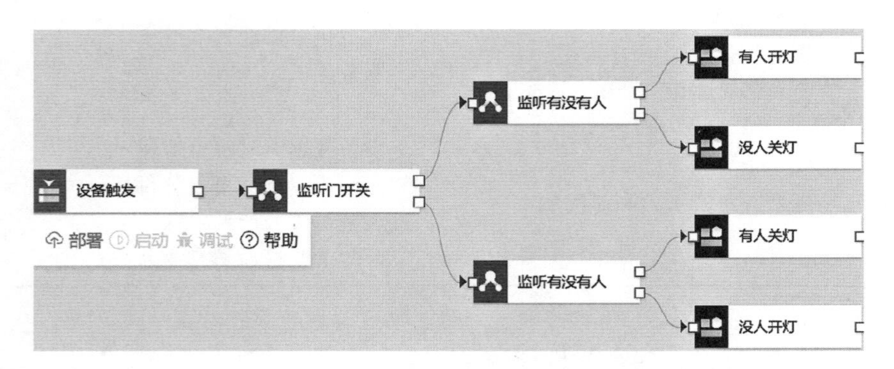

图 8.3 智能开关灯服务编排

除此之外,IoT Studio 还提供了外部 API 能力调用,并可以将需要调用的功能封装成一个模块。例如在 IoT Studio 中,可以通过网络获取天气信息,利用天气信息控制相应设备的开关。如图 8.4 所示,“墨迹天气”功能块封装了查询天气请求的功能,在外部网络请求触发这条服务时,服务器会通过“墨迹天气”获取到的天气状况来决策是否需要开启加湿器。不同决策的条件由用户根据个人需求进行设计。

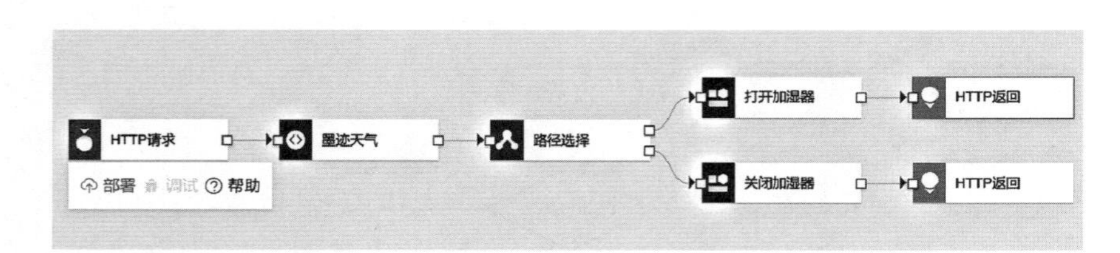

图 8.4 使用外部 API 能力调用的服务编排

8.2 服务端搭建工作台一览

本节具体介绍 IoT Studio 服务开发中的控制台及其组件。具体操作流程为:首先进入阿里云的物联网平台界面,点击页面左侧的“项目管理”;然后进入开发页面,点击“新建项目”—“创建空白项目”;最后输入项目名称,点击“确定”,进入项目概览页,到这里就完成了项目的创建。

服务端搭建工作台一览

服务开发的具体流程是：找到“服务开发”，点击右侧“新建服务”，输入服务名称，选择空白模板，点击“完成”进入服务开发工作台。

工作台最左侧的标签选项可以进行左侧菜单筛选服务列表、节点列表、扩展服务的切换，用户可以在左侧的面板选择编排服务流的节点；中间区域为服务画布，可以在这里进行节点编辑，包含撤销、放大、缩小、适合屏幕、整理节点位置等功能；右侧区域是帮助和详情面板，显示节点的配置详情和帮助。

流式服务编排中的“流”是指通过连线将功能节点组合串起来，各个功能节点通过连线得到上下节点的数据流，从而实现整体数据的互联互通。在一条服务流中流转的数据 msg(message 的缩写)，会被不同的节点进行处理再传递到下游节点，直至最终输出。每个节点均可通过 msg. payload 获取到上一节点返回的数据。当前节点返回的数据也将自动放进 msg. payload 中，开发者可将返回数据写进 msg 的其他 key 中，如 msg. payload2，从而不覆盖上游节点返回的 msg. payload。

下面介绍服务开发中的节点，点击服务开发工作台左侧的“节点”选项，可以看到所有的功能节点可分为功能以及设备两大类。由于节点种类较多，下面只介绍本书中用到的节点，如果读者感兴趣，可以到阿里云网站上了解其他节点。

1. 设备触发节点

设备触发节点可以将设备上报的属性或事件数据作为服务的输入。监听设备的属性/事件上报，如果收到设备的属性/事件上报，则会触发后续的连线逻辑。阿里云支持通过虚拟设备上报属性或事件进行调用（注意属性需要为“读写型”）。如果需要对一个设备的上报数据进行监听，并进行一系列后续动作，则可使用设备触发节点。

2. Python 脚本节点

Python 脚本节点支持用户通过编写 Python 代码来实现功能逻辑。如果平台基础功能节点不足以满足用户的使用场景，则可以使用 Python 脚本节点，通过编写 Python 代码来灵活定制业务需求。需要注意的是，Python 脚本仅支持基本库、仅可用基本语法，不支持第三方包。

3. 钉钉机器人节点

钉钉机器人节点可以将消息推送至钉钉群，可以用于设备消息推送、监控报警、信息公示等多种场景。要推送上游节点中的内容到一个钉钉群，首先要在该钉钉群中手动创建一个机器人，获得该机器人的消息传输地址，然后选择消息推送的类型和内容。完成该过程需要进行三部分配置：①在钉钉群中创建机器人并获取消息传输地址；②配置消息类型；③配置发送内容。具体的配置方法将在下一节示例中介绍。

8.3 虚拟设备温度控制联动

虚拟设备温度控制联动

本节以虚拟设备上报温度,实现温度判断和设备的联动控制为例,具体介绍 IoT Studio 服务开发。

我们需要实现的功能是,当温度超过一定阈值时,自动打开电源开关进行制冷;当温度回落,自动关闭电源。对应到服务流,首先需要一个由温度触发的设备,在其被温度触发之后,对它上报的温度进行判断,如果大于阈值,则需要对这个设备进行控制,执行打开电源开关的操作,最后下发通知到钉钉群。具体操作步骤如下:

首先将“设备触发”节点拖入编辑区,在编辑区点击此节点,观察右侧的帮助和详情面板,在“节点名称”这一栏中输入“温度触发”,编辑区中节点的名称也会随之改变。“产品选择”这一栏可以关联到具体定义的产品。目前产品为空,点击“前往创建产品”。

其次新建一个产品,取名为“温度设备”,所属分类选择“自定义分类”,其他选择默认,点击“完成”。点击“查看”—“功能定义”—“标准功能”—“添加功能”,选择“其他类型”,在搜索栏输入“当前温度”点击“确定”,从而添加检测当前温度的功能。接下来定义控制电源开关的功能,在搜索栏输入“电源开关”,点击“确定”。利用上面两个功能,我们可以实现这样一个场景,当温度高的时候,控制电源进行降温;温度回落,关闭电源。目前已经完成了标准功能创建,再回到服务开发,刷新服务开发的页面,在刷新之前点击“服务”—“保存”进行存储。

最后刷新页面,点击编辑区的“温度触发”节点,在“产品选择”这一栏,已经可以选择前面创建的产品,但是目前没有设备,点击“创建设备”—“新增设备”—“提交”,系统会自动生成设备的三元组,再次返回服务开发页面,刷新页面,重新配置产品以及设备。此时可以在“设备选择”这一栏关联到前面新建的设备。在“上报类型”这一栏,选择“属性上报”。

服务开发支持的设备触发的方式有“属性上报”“事件上报”和“属性或事件上报”。“属性”即任何属性上报时都响应,“事件”即任何事件上报时都响应,“属性或事件”即响应全部属性/事件上报。

上面已经完成了设备触发,在设备触发之后,需要对它上报的温度进行判断。这一步采用“Python 脚本”节点判断之后,需要对这个设备进行控制,点击左侧服务列表中的“设备”,将刚才定义好的“温度设备”拖入编辑区,最后需要下发通知到钉钉群,将“钉钉机器人”节点拖入编辑区。以上就是这条服务流需要的节点,将所有的节点串成一条服务,点击下方的“调整节点位置”,可以自动美化排版。该服务流排布如图 8.5 所示。

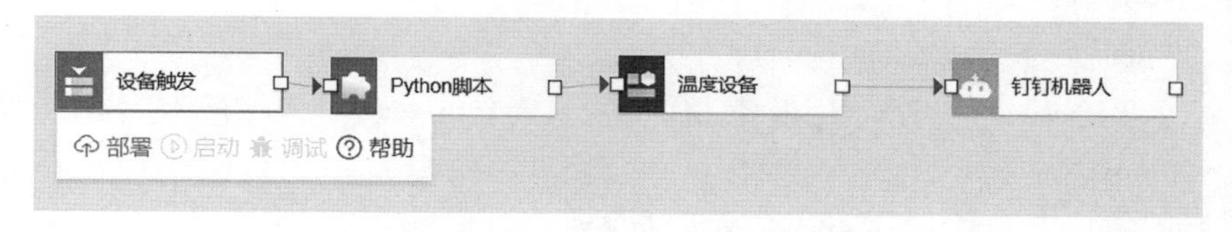

图 8.5　虚拟设备温度控制的服务流排布

排布完成后,需对这些节点进行配置。点击“设备触发”,选择当前的产品以及设备,设置它的上报类型为属性上报。点击“Python 脚本”,在右侧详情栏中可以点击“如何使用该节点”—“如何配置 Python 脚本节点”,进入文档页查看详细的使用方法。“Python 脚本”区的内容如下。

```
1.  #! /usr/bin/python
2.  # -*- coding: UTF-8 -*-
3.
4.  # @param {Object} payload 上一节点的输出
5.  # @param {Object} node 指定某个节点的输出
6.  # @param {Object} query 第一个节点的输出
7.  # @param {Object} context  {appKey, appSecret}
8.
9.  temp_threshold = 28
10. bound = 3
11. ding_msg = ""
12. power_switch = 0

14. def main(payload, node, query, context):
15.     print 'payload =', payload
16.     print 'node =', node
17.     print 'query =', query
18.     print 'context =', context
19.     cur_temp = payload["props"]["CurrentTemperature"]["value"]
20.     ding_msg, power_switch = compare_temp(cur_temp)
21.     payload["ding_msg"] = ding_msg
22.     payload["power_switch"] = power_switch
23.     return payload
24.
```

```
25. def compare_temp(cur_temp):
26.     d_msg = ""
27.     power_s = 0
28.     if(cur_temp > temp_threshold):
29.         d_msg = "当前温度报警,报警值:" + str(cur_temp) + "已开启空调进行降温"
30.         power_s = 1
31.     if(cur_temp < temp_threshold - bound):
32.         d_msg = "当前温度回落,报警值:" + str(cur_temp) + "已关闭空调进行节能"
33.         power_s = 0
34.     return d_msg, power_s
```

在“Python 脚本”中,定义一个打开空调的温度阈值 temp_threshold,设为 28,设定一个边界值 bound 为 3,目的是得到关闭空调时的温度阈值 temp_threshold - bound,即 25,否则如果开启和关闭空调的阈值设置为同一个值,当环境温度在 28℃附近波动时,空调会出现反复开启和关闭的情况。接下来定义初始化表示发给钉钉群消息的全局变量 ding_msg 和表示开关状态的全局变量 power_switch,并初始化其值为 0。

在主函数后定义一个函数 compare_temp( ),自变量为当前温度 cur_temp。该函数能够根据当前温度判断是否生成具体的报警信息,以及生成对开关的操作指令。函数中判断当前温度,当温度大于 28℃时,生成一个报警信息,并将空调开关量赋值为 1。仿照这个思路,完成对温度过低情况的判断。这个函数最后返回钉钉群消息和开关状态两个变量。

在 main( )函数中,需要获取设备上报的温度 cur_temp,因此,需要解析上一节点的输出 payload 内容。接下来调用 compare_temp( )函数,将当前温度作为参数传入,通过该函数得到钉钉消息和当前空调开关的状态,最后将钉钉群消息以及开关状态放进 payload 中。

接下来配置“温度设备”节点和“钉钉机器人”节点。其中,“温度设备”节点的配置方法如图 8.6 所示。“钉钉机器人”节点的配置方法如图 8.7 所示。首先需要在钉钉群中添加一个“钉钉机器人”。钉钉机器人的添加方法为:进入一个钉钉群,点击“群设置”—“进入群机器人”—“添加机器人”—“自定义机器人”,添加成功后,会生成该机器人的消息传输地址(Webhook),将它复制下来粘贴到“钉钉机器人”节点配置区“Webhook”栏中。

“消息类型”选择“text”,这里使用自定义的方法,由开发者自行修改“content”的内容。前面“Python 脚本”的 payload 已经装入了钉钉群消息。在“钉钉机器人”没有直接与“Python 节点”相连的情况下,获取该信息可以通过一个全局变量 node 来进行操作。接下来将“Python 脚本”的 ID 复制下来(这里是 node_b95ca160),再在其后加上需要的返回字段即可。

* 节点名称 如何使用该节点?

温度设备

产品功能定义

* 选择要控制的设备

mS3iGuNMmes7K1Z5vSTE

* 选择操作类型

设备动作执行

* 下发数据

属性 服务

电源开关

固定值 来自节点 变量

上一节点(payload)

power_switch

图 8.6 “温度设备”节点配置方法

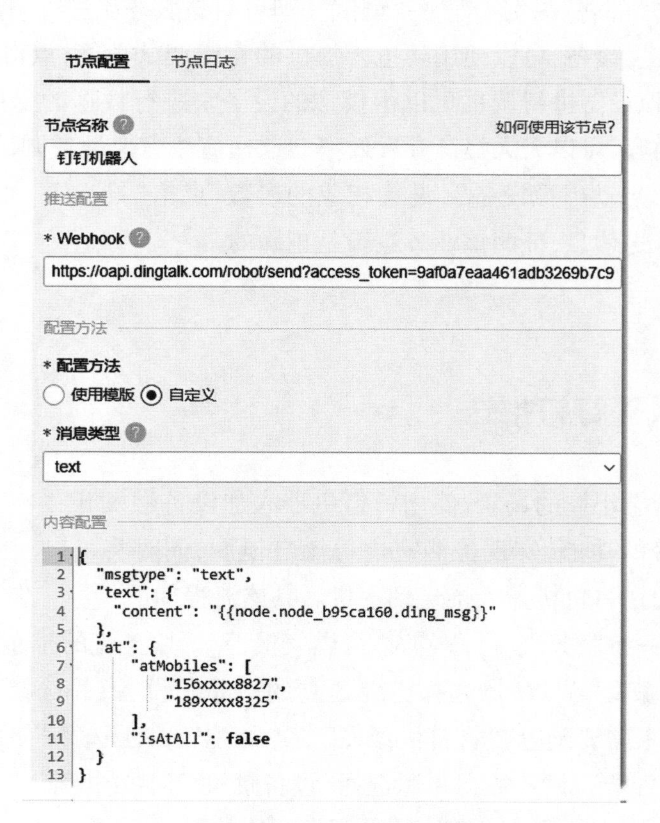

图 8.7 “钉钉机器人”节点配置方法

下面是"内容配置"部分的代码。其中,"node_b95ca160"是"Python 脚本"节点的 ID。

```
1. {
2.    "msgtype": "text",
3.    "text": {
4.       "content": "{{node.node_b95ca160.ding_msg}}"
5.    },
6.    "at": {
7.          "atMobiles": [
8.                "156xxxx8827",
9.                "189xxxx8325"
10.         ],
11.         "isAtAll": false
12.    }
13. }
```

接下来点击"部署"—"启动"—"调试",即可对该服务流进行调试。

如果没有真实设备,可以使用阿里云提供的在线调试功能,点击"调试",提示启动服务,使用虚拟设备进行调试可以由模拟的设备来进行数据的上报以及观察平台对设备下发的内容,可以大大提高开发效率。选择前往虚拟设备调试,会跳转到产品页,点击下方的"启动虚拟设备",设置相应的参数,点击"推送"。此时查看钉钉群,钉钉机器人会推送信息,证明该业务逻辑是正确的。

8.4　小屋报警钉钉推送

小屋报警钉钉推送

本节结合智慧小屋的场景,使用钉钉机器人加设备触发开发一个烟雾报警的功能,实现检测室内可燃气泄漏,同时将可燃气泄漏信息通过钉钉机器人推送到手机。具体流程如下:

首先,新建一条服务流,可命名为"可燃气报警"。服务流的排布如图 8.8 所示。

配置"设备触发"节点时,选择已经建立的产品和设备,并选择事件上报。"Python 脚本"节点不需要配置,"钉钉机器人"节点的配置方法选择"使用模板",选择模板为"设备属性告警",设备数据来源选择"设备触发/可燃气报警"。钉钉机器人的消息传输地址可以直接复制上一节中测试开发所用的。

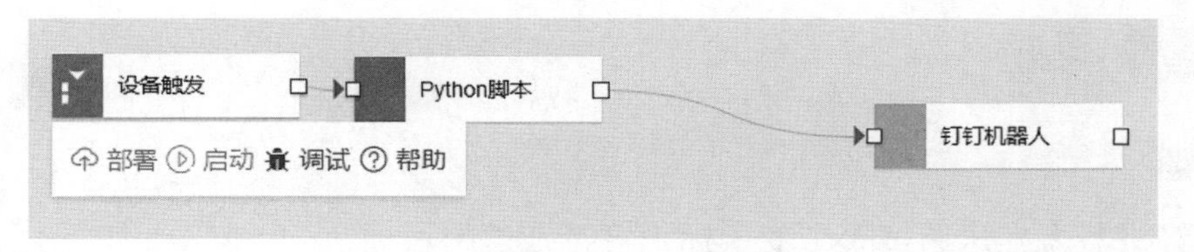

图 8.8　可燃气报警服务流排布

然后,点击“部署”,再点击“启动”。如果有硬件设备,则可以通过实际的硬件三元组烧写来进行调试;如果没有,则可以通过在线的虚拟设备来进行调试。点击“前往启动虚拟设备”,选择属性上报和事件上报当中的“事件上报”。在当前的烟雾浓度中输入“400”,点击“推送”,此时在该钉钉机器人所在的群中可以收到推送消息。

第8章 习题

选择题

1. 钉钉机器人推送通过哪个变量标识钉钉推送的目标？

A. context　　B. target　　C. Webhook　　D. Webhood

2. IoT Studio 服务中，一个服务只能有一个服务流？

A. 对　　B. 错

3. IoT Studio 的服务支持哪些种类的触发方式？（多选）

A. 设备属性触发　　B. 设备事件触发　　C. HTTP 请求触发　　D. 定时触发

答案

CHAPTER 9

第 9 章

智慧小屋的 Web 开发

本章将介绍 IoT Studio 的一个重要功能——Web 开发，并以智慧小屋为例，介绍 IoT Studio 在搭建 Web 时的具体操作，用 Web 页面展示小屋的相关内容。

本章的学习要点包括：

1. 了解物联网云平台中集成的 Web 开发组件；
2. 利用 Web 开发组件进行开发的流程与操作。

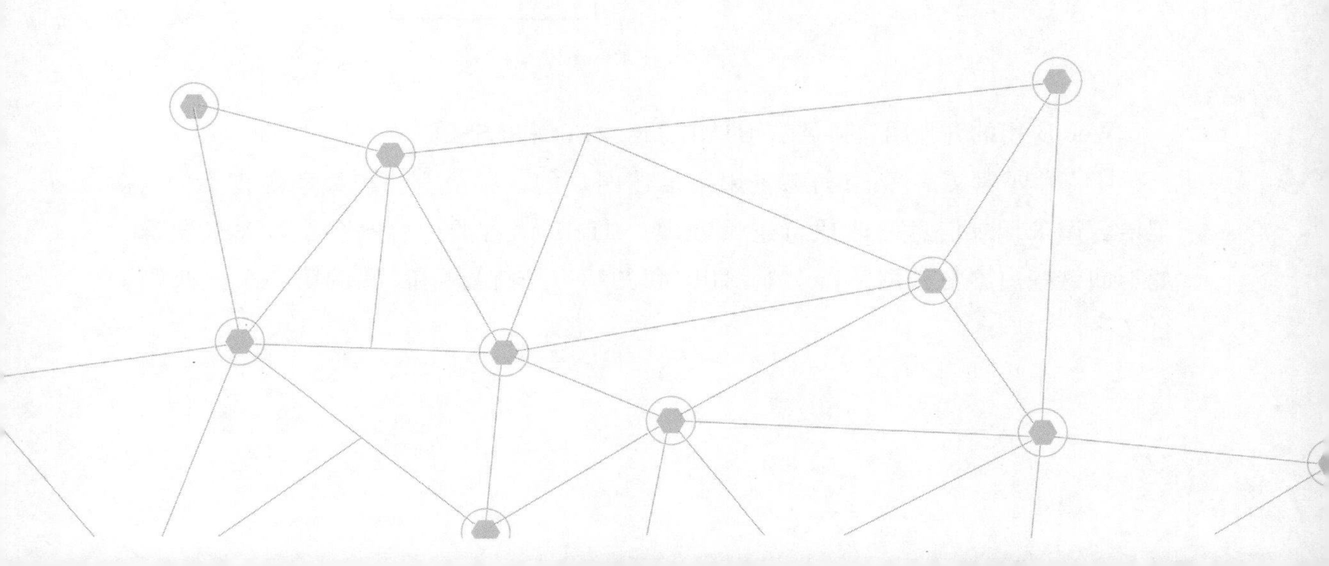

9.1 IoT Studio 的 Web 可视化搭建

IoT Studio 的 Web 可视化搭建

本节简要介绍 Web 技术的起源、技术背景、IoT Studio 的 Web 开发特点、Web 可视化搭建案例和 Web 可视化搭建的基本开发过程。

1989 年 3 月 12 日，欧洲粒子物理研究所(European Organization for Nuclear Research，简称 CERN)的蒂姆·伯纳斯·李(Tim Berners Lee)提交了一个构建信息管理系统的计划，万维网(World Wide Web)也由此诞生。为了在 CERN 内部实现文档分享和信息交流，1990 年 12 月 20 日，伯纳斯·李以自己的电脑为服务器，架设了人类历史上第一个网站 Info. cern. ch。以目前互联网对世界的影响来看，Web 技术的诞生无疑是历史上最伟大的发明之一。

如图 9.1 所示，Web 技术属于典型的 B/S 架构，系统包括浏览器和 Web 服务器，浏览器需要向 Web 服务器发起请求以获取数据，Web 服务器将 HTML 页面或请求的数据通过 HTTP 响应的形式传输给浏览器渲染显示。

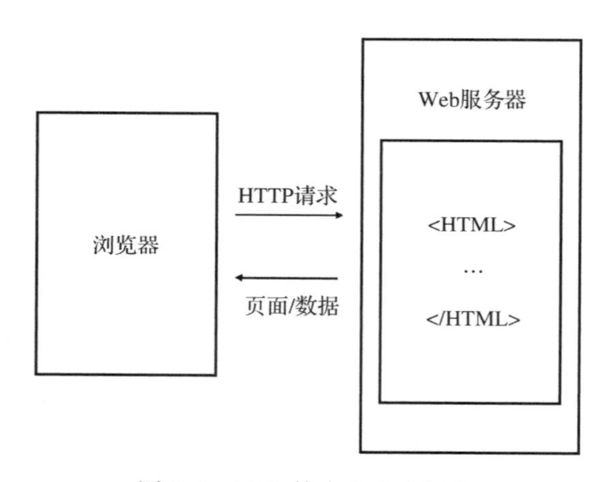

图 9.1　Web 技术的 B/S 架构

Web 应用的开发语言主要有 HTML、JavaScript 和 CSS。

HTML 即超文本标记语言，是用来描述网页的一种语言。与编程语言不同，标记语言用来记录信息而非执行逻辑处理。HTML 语言的内容被各类标签所包裹，如下面这些内容将在浏览器上显示出“我的第一个标题”和“我的第一个段落”两行文字。

```
1.    < html >
2.    < body >
3.    < h1 >我的第一个标题 < /h1 >
4.    < p >我的第一个段落 < /p >
5.    < /body >
6..   < /html >文本框
```

JavaScript 是动态的解释性语言。它不需要编辑为机器码运行,直接可由解释器运行。它的解释器被称为 JavaScript 引擎,内置于各类浏览器。JavaScript 最早在 HTML 网页上使用,可以为 HTML 网页增加动态功能,而目前 JavaScript 已经拓展到服务端与硬件端,有着繁荣的技术社区。JavaScript 在 HTML 文件中以 < Script > 标签包裹,例如下面这行代码:

```
< Script > {JS 内容} < /Script >
```

CSS 是指层叠样式表,定义如何显示 HTML 元素,一般存储在. css 后缀的文件中,通过 HTML 标签中的 className 以及 ID 属性来进行绑定。以下这行 CSS 代码声明了 HTML 中 < h1 >标签的文字颜色为红色,字体大小为 14px,凡是在引入此 CSS 文件的 HTML 页面,被 < h1 > < /h1 >标签包裹的字体都会被此 CSS 所影响,而渲染成红色。

```
h1 {color:red; font-size:14px;}
```

在 Web 开发方面,目前已经有较好的优化。传统开发过程需要选取开发框架和工具、设计前后端接口,进行前端开发、部署和运维等,耗费大量人力和时间成本。IoT Studio 中代码编写方式则是可视化拖拽,这大大降低了开发者的学习成本。组件经过配置和调试即可快速发布上线,不用过多考虑复杂的运维过程。在可视化 Web 应用搭建的过程中,只需要创建 Web 可视化应用、拖拽组件、配置组件样式以及数据和事件即可。同时 IoT Studio 还提供了丰富的样例模板,可以将相似的应用模板直接拖拽到工程中,再适当修改配置。在预览调试通过后,点击"发布",即可将完成的项目托管在 IoT Studio 平台上,省去了购买、配置服务器的烦琐操作。Web 可视化搭建功能同时支持搭建移动端 Web 页面,在手机等移动设备上有接近本地 App 的使用体验。

原图

IoT Studio 的界面如图 9.2 所示。

图 9.2　IoT Studio 界面

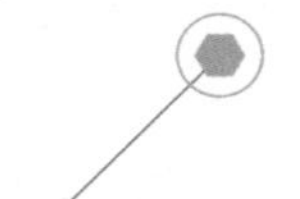

9.2　Web 搭建组件介绍

Web 搭建组件介绍

本节将详细介绍 IoT Studio 平台的基础操作。具体 Web 组件界面如图 9.3 所示。

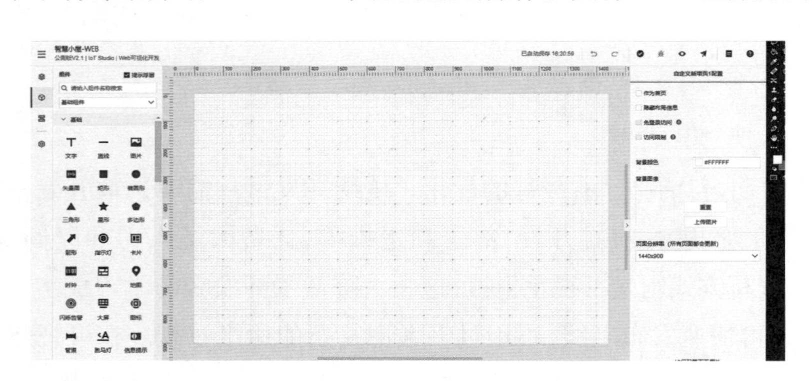

图 9.3　Web 组件界面

原图

可视化开发的组件包含四类，即基础组件、控制组件、图表组件以及表单组件，它覆盖了外部可视化开发当中的基本功能。

所有组件都可以从左侧的组件栏拖拽得到。例如把文字组件拖拽至编辑区，右侧的配置会自动选择文字组建模块，可以详细地对文字组件进行配置。具体包括位置信息、长宽信息、组件名称、可见性不透明度、文字内容、字体、字号、粗细、颜色等。在数据栏中，可以将该文字的组件关联到设备上报的属性。例如室内温度，在点击验证数据格式后，当前文字就会自动显示设备上报的温度属性信息。

图表组件可以实现对图表的编辑，将图片组件拖拽至编辑区，就可以对它进行样式调整以及交互调整，但是图片组件并不支持数据的绑定。交互是指对组件的任何操作，以及这些操作触发的后续事件。交互包括单击、双击和鼠标移入、移出，也包括打开链接等。在开发过程中，可以对每个组件新增多个交互。如果需要上传图片，则点击上传图片当中的空白区域。例如选择报警指示灯，那么可以看到图片组件被替换为报警指示灯。除此之外，一些常用的组件可以组成更加复杂的外观样式。

指示灯组件包括数据与交互。在数据方面，它可以关联到设备中某个具体的开关。例如选择智慧小屋，可以看到智慧小屋所绑定的物理量都是一些开关，即布尔信息。更进一步，可以在展示样式当中进行详细配置，使指示灯组件可以在关的状态显示蓝色，在开的状态显示黄色。除了展示样式之外，还可以将开关定义成图片，随着设备属性的变化，图片也会发生相应的改变。

将卡片组件拖入后即可实现样式改变和数据交互。它的样式修改包括卡片标题、边框、背景颜色等方面。在数据上，它可以绑定设备上报的属性。除了卡片组件之外，还有时钟组件。它是外部常用的展示时间的组件，和其他组件类似，我们可以对它的样式进行配置，以及添加一些交互功能。

在项目中常用的还有曲线图组件，它可以实时绑定一些设备上报的属性值。同时还支持时间选择器，可以对一段时间内的属性进行查看，我们只要选择历史数据、起止时间后就可以进行查询。

除此之外，常用的还有仪表盘组件。仪表盘组件可以实时关联到设备的上报数据，全面查看其属性值，一般在工业场景中应用广泛。

Web 组件总结如表 9.1 所示。

表 9.1　Web 组件总结

类型	描述
常用组件	IoT Studio 中集成的常用组件，方便用户快速调用组件进行开发
个人开发组件	开发者可以通过平台开发个人组件，供后续使用
基础组件	包含文字、复合组件、空间组件、媒体组件、控制组件、图表组件、表单组件和弹窗容器组件
工业组件	包含刻度表、仪表时钟、多色仪表盘、单色仪表盘、刻度滑动条、滑动条、一字管道、十字管道、T 字管道、L 字管道、风机、数码管、锅炉、工业按钮和旋钮开关
第三方组件	由第三方开发者开发个人组件后，以组件包的方式上传到 IoT Studio 平台后提供给所有开发者使用的组件

9.3 Web 搭建实践

本节从智慧小屋场景出发，将智慧小屋中上传的数据通过 Web 展示，并通过外部可视化组件来搭建智慧小屋的具体场景。

第一步是页面布局的设置。智慧小屋或其他物联网产品可以展示的信息多种多样，往往需要使用多个页面进行展示，因此需要设计合理的页面分布。例如，可以将智慧小屋 Web 页面展示工程规划为三个：第一个页面命名为“实时的状态信息查看”，对应设备的实时状态查看；第二个页面为“燃气状态报警”，对应燃气报警状态查看处理；第三个页面为“设备状态查看”，对应设备总量与状态的查看管理。新增页面，需要在 Web 应用的编辑器左侧导航栏中，选择“选项”。页面列表中默认已添加一个空白页面，用户可以自行增加其他页面。此处我们需要按照前述规划新增对应页面。添加完成后，在页面上方选择“导航布局”，点击下方配置即可自动生成页面菜单。在 Web 应用页面支持配置不同模式的导航菜单，用户可根据实际需要配置应用的页面导航菜单样式和内容。一般情况下，用户可以在编辑器页面右侧的导航配置面板配置带有模板的导航菜单样式和内容。

Web 搭建实践

第二步是为页面添加显示组件，使页面内容更加丰富。

小屋实时环境状态信息页面使用的组件有基础组件中的图片、卡片、文字、矩形以及图标组件的曲线图，其中需要添加卡片组件分别显示设备上报的室内温度、烟雾传感器读数、光敏传感器读数、土壤湿度、二氧化碳浓度、有机气体浓度。如果是其他物联网应用，也可以根据需要添加适当数量的卡片组件显示传感器数据。曲线图组件的功能是显示数值的变化趋势，它可以实时对温度数值等外部设备的数据进行反馈、绘制，也可以根据设备的历史数据绘制其历史数据的变化。在智慧小屋的 Web 页面中，我们使用该组件显示实时室内温度的变化曲线。确定需要显示的属性后，需要进行属性关联。当配置组件的数据关联到设备时，可以在编辑区域实时观察到设备的状态变化。第一个卡片的数据可以将其关联成设备的室内温度，只要点击“确认修改卡片标题”，即可在样式中修改卡片标题。同理，也可以修改其他的卡片组件。

在完善燃气报警状态页面时，使用的组件有基础组件中的矩形、图片、仪表盘、指示灯、文字，控制组件的按钮以及图表组件的曲线图等元件。卡片、曲线图等使用较为简单，这里主要介绍实现了交互功能的按钮。其中，按钮组件功能配置为关闭蜂鸣器。配置按钮时，需要设置交互动作为调用其他服务，选择接口来源选择为“产品与物的管理”，并设置真实和虚拟设备的属性。设置完成，当点击“关闭蜂鸣器”按钮时，将会下发设置蜂鸣器开关为关闭状态的消息给智慧小屋设备。具体的服务配置中，productKey 和 deviceName 需要根据设备三元组信息进行修改，这与 MQTT 等通信协议和云端设备建立通信协议时所需的凭证信息是一致的。

设备状态查看页面则直接通过表格展示产品下的设备列表和设备状态，如果某个产品下有多台设备，在设备管理组件中即可查询到多条记录，并可以实时显示设备的在线状态以及设备的属性信息。

在三个页面都完成开发后，第三步是执行发布操作。点击 IoT Studio 编辑器页面上方的“预览”，对页面进行实时查看与调试，确认无误后，点击编辑器页面上方的“发布”，即可将此页面调整为新版本。发布成功后，可以看到编辑器弹出“应用已发布成功”窗口。

第9章 习题

思考题

1. Web 可视化搭建与传统的 Web 开发相比有哪些优势？
2. Web 可视化搭建如何调用编排好的服务流？
3. Web 可视化搭建的核心能力有哪些？

判断题（正确的打“√”，错误的打“×”）

1. Web 技术主要包括 HTML、CSS、JavaScript、C++ 这些语言。 （ ）
2. 一个 Web 可视化开发当中只能有一个可视化搭建页面。 （ ）
3. HTML 语言是一种标记语言。 （ ）

答案

CHAPTER 10

第 10 章

智慧小屋的 App 开发

本章介绍 IoT Studio 的 App 开发功能,同样以智慧小屋为例,介绍 IoT Studio 在搭建 App 时的具体操作。

本章的学习要点包括:

1. App 可视化开发的特点;
2. 了解物联网云平台中集成的 App 开发组件;
3. 可视化 App 开发的流程与操作。

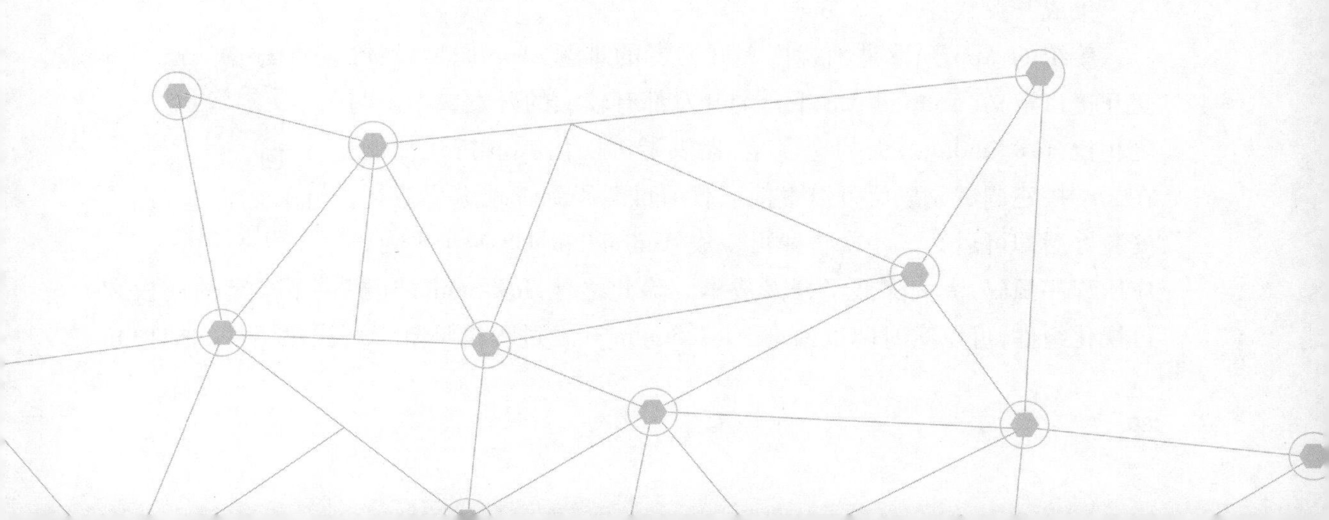

10.1 IoT Studio 与 App 的发展历史

本节将介绍 App 的发展轨迹、App 的开发语言、IoT Studio App 搭建与传统 App 搭建对比，以及 IoT Studio App 可视化搭建的简单展示。

世界上公认的第一款智能手机是 1994 年 8 月由 IBM 公司推出的个人终端西蒙。虽然没有应用商店，但是西蒙内置了 10 多款应用程序，包括联系人、日历、计算器、时钟等。手机作为移动电话的通信设备也逐渐开始朝向智能化方向发展。1997 年 12 月，诺基亚公司推出了6110 手机，是第一款预装游戏应用的手机。2002 年 3 月，RIM(research in motion)公司推出 5810 手机，提供了大量的应用程序，包括电子邮件、街机游戏、铃声编辑器等。2007 年 6 月，第一款 iPhone 面世，带有大量内置的应用程序，包括天气、网络浏览器、音乐播放器、照片应用等，奠定了智能手机的雏形。2008 年 10 月，第一款搭载安卓开放操作系统的手机 HTC 梦想面世，内置丰富的应用程序和网络功能，Android 生态处于萌芽期。同年，iOS 2 面世，其中搭载 App Store 应用商店，首次提供 500 个应用程序，3 天内下载量突破 1000 万次，iOS 成为开放系统，任何人均可开发 iOS 应用程序。谷歌也同时面向开发者发布了 Android Market 软件市场，任何人可以面向安卓设备开发应用。截至 2017 年，在安卓和 iOS 上已经有超过 200 万的应用程序可以下载使用，App 生态随着智能手机的发展逐渐走向繁荣。

App 发展历史

作为 App 的运行环境，手机 OS 已经有超过 20 年的发展历史，出现过 iOS、Android、塞班、黑莓，Windows phone 等 OS 系统，目前 iOS 和 Android 是主流的两大阵营。Android 开发通常使用 Java 语言。Java 是面向对象的开发语言，配合谷歌提供的 Android Studio 集成开发工具，可以高效地完成开发任务。同样，在 iOS 平台上，目前主要使用 Swift 语言开发，早期则是使用 Object-C 语言开发。和谷歌类似，苹果也提供了集成开发软件——Xcode。

传统的 App 开发是困扰广大开发者的难题，App 原型设计、交互接口定义、Android iOS 平台的开发都有较大的开发成本。与之相比，IoT Studio 最大的特点是，提供了可视化 App 搭建功能，在云端搭建调试完成后可以直接下载项目源码到本地编译运行，安装好后即可运行。一次搭建可生成 Android 和 iOS 两个平台的应用程序源码，大大降低了开发成本。除此之外，IoT Studio 还提供了丰富的模板和可视化组件，可以实时调试预览。IoT Studio 开发过程也是基于可视化组件的拖拽和

IoT Studio 的 App 可视化搭建

配置，IoT Studio 同时提供了丰富的界面模板，加速开发效率，可以新增页面、实时预览体验 App 的阶段成果。

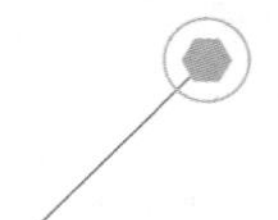

10.2　App 搭建组件介绍

App 搭建组件介绍

本节将详细介绍 IoT Studio 平台的基础操作。具体 App 可视化开发工作台页面如图 10.1 所示。

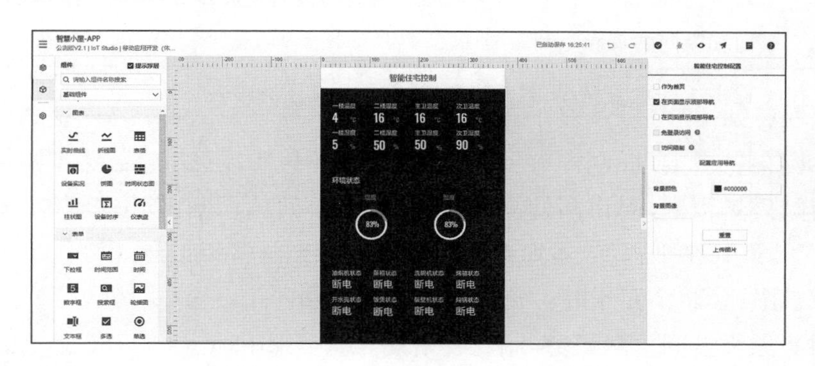

原图

图 10.1　App 可视化开发工作台页面

IoT Studio 已预置了三个基本功能模块，包含账号模块、首页模块和我的模块。另外还可以根据业务需要，添加消息和扫码模块。

1. 账号模块

账号模块包含登录页、注册页和找回密码页。它可以配置页面顶部的背景图，配置完成后，登录、注册和找回密码页的顶部背景图均会被替换。

2. 首页模块

首页模块即应用页面的列表页。单击新增页面入口，传入图标，选择应用页面或输入 URL，配置页面跳转链接，连接到应用页面或其他页面。

3. 我的模块

我的模块包含我的（用户信息页）和关于页（应用信息页），可根据业务需要进行设置。配置链接列表，连接到指定页面。配置隐私协议链接地址，如果不配置，则不显示隐私协议。

4. 消息模块

消息模块具有配置移动消息推送功能。单击消息模块右边的配置按钮，在右侧消息模块配置对话框中进行配置。设备模块包含设备列表页、选择产品页、添加设备页、设备管理页、设备设置页、修改备注名页。

5. 扫码模块

用户可以用此模块扫描二维码,跳转到其他页面。

如果按照组件划分,则与 Web 开发类似,App 组件总结如表 10.1 所示。

表 10.1　App 组件总结

组件	描述
基础组件	提供图片、文字、按钮、设备列表等基础的可视化组件
容器组件	对页面的结构进行划分,由横向和纵向的容器组成,可以将页面结构划分为横向和纵向的页面空间
图表组件	提供了柱状图、折线图、实时曲线等页面常用的图表
仪表组件	提供仪表盘、开关、指示灯组件
卡片组件	提供单行和双行的页面卡片,可以更美观地展示设备状态和数据

10.3　App 搭建实践

App 搭建实践

本节从智慧小屋场景出发,将智慧小屋中上传的数据通过 App 创作展示出来,通过编译 App 进行实际成果的体验。

在 IoT Studio 中,同样提供了 App 可视化搭建的功能。在智慧小屋中,通过可视化搭建 App,可以实现类似于 Web 可视化开发中所实现的小屋状态查看能力、报警查看清除等功能。在项目控制台,选择左侧推荐菜单的移动应用开发,新建可视化应用。同样,在移动 App 可视化搭建平台也提供了模板。目前提供的有基础模板和智能设备模板,智能设备模板包含账户、首页、我的(用户中心)和设备管理能力。

具体搭建步骤如下:

在 App 搭建小屋需要创建四个页面,分别是"实时曲线"页面,查看室内传感器采集到浓度信息的实时变化曲线;"开关状态"页面,查看小屋家电的开关状态;"报警查看"页面,查看燃气有机物浓度并取消蜂鸣器报警;"家居环境"页面,展示家居环境主要指标的数据,也是用户进入 App 的主页面。

"实时曲线"页面展示温度、有机物气体浓度、烟雾传感器读数的实时曲线,使用实时曲线可视化组件和图片组件搭建,通过右侧配置区域中的数据绑定智慧小屋的设备信息。

“开关状态”页面显示智慧小屋各类执行开关的状态，通过容器组件对页面进行划分，使用文字组件和指示灯组件对各类开关状态进行展示，指示灯组件选中后，在右侧的配置区域绑定智慧小屋的开关属性。

“报警查看”页面通过仪表盘显示实时可燃气浓度（有机气体浓度），通过曲线图显示有机物浓度变化曲线，并提供按钮解除蜂鸣器的报警。

“家居环境”页面采用图片组件和双行以及单行卡片组件，布局方式采用竖排方式排列，在单行卡片组件上展示小屋设备上报的各类传感器读数，需要选中组件后在右侧的数据栏进行数据配置。

在页面里使用组件时，需要选中组件，并在动作配置中选择调用服务 MYM—MYM 产品与设备信息 MYM—MYM 设置物的属性。配置方法与 Web 开发中类似，在此不赘述。需要注意的是，在添加服务时，必须保持小屋驱动板与阿里云平台的连接。卡片的数据配置界面如图 10.2 所示。

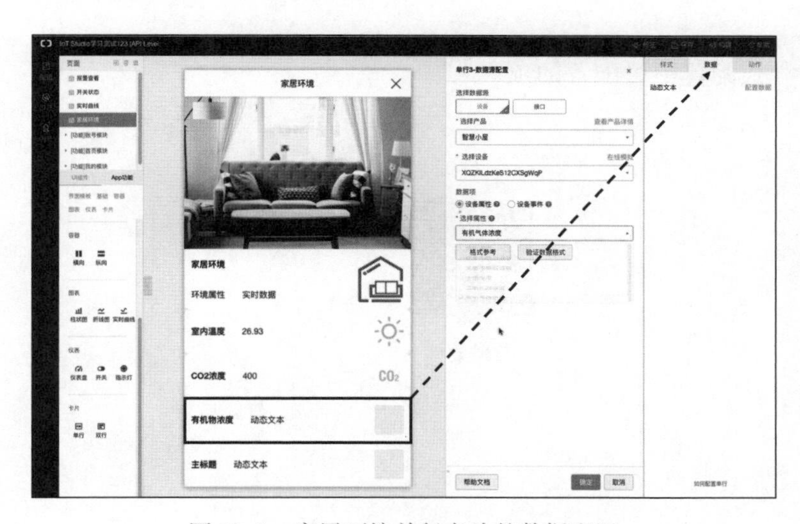

原图

图 10.2　家居环境单行卡片的数据配置

在四个页面的编辑中，可以随时点击右上角的预览按钮，对已有的页面进行预览。在预览页面上可以实时获取设备上报的数据内容，并且可以在预览页面直接与设备交互，进行调试。页面完成添加后，需要在 App 的导航页面添加创建四个页面。在页面栏中选中“首页模块”中的列表页，然后右侧点击“新增页面入口”添加页面信息。上传四个页面中各个页面的图标、配置页面标题和描述后，通过跳转链接将此导航分别关联到前面创建的四个页面。

在预览调试结束后，可以对 App 进行构建和下载体验，IoT Studio 提供了一键构建应用的能力（支持 Android 和 iOS 两个平台）。Android 可以直接在线构建程序. apk 安装包下载安装。iOS 设备会在线生成程序源码，下载源码后需要使用 Xcode IDE 软件进行本地编译构建。在新版本中，需要绑定域名后才能执行发布操作。

第10章 习题

思考题

1. 在 IoT Studio 中 App 开发与 Web 开发有哪些区别？
2. 手机 App 的发展历史可以对 App 后续发展带来哪些启示？
3. 手机操作系统和手机 App 之间有哪些联系？
4. IoT Studio App 可视化搭建与传统 App 开发相比有哪些优势？

判断题（正确的打“√”，错误的打“×”）

1. 容器可视化组件是对页面进行横向和纵向划分的组件。（　）
2. Android 开发主要使用 Java 语言进行开发，并且 Java 语言是面向对象的。（　）
3. 触发动作是样式配置中可配置的项。（　）

答案

CHAPTER 11

第 11 章

窄带物联网 NB-IoT

作为目前主流低功耗广域网(LPWAN)技术之一,窄带物联网(NB-IoT)技术是建立在蜂窝网络基础之上,面向低功耗、广覆盖、海量连接的新型物联网技术。

本章的学习要点包括:

1. 了解窄带物联网(NB-IoT)的产生和应用;
2. 学习窄带物联网(NB-IoT)的技术原理和系统组件。

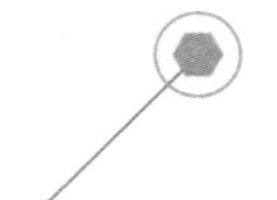

11.1 窄带物联网简介

窄带物联网(NB-IoT)标准的研究和标准化工作由标准化组织(3GPP)推进,具有广覆盖、大连接、低功耗、低成本四大特点。本节主要介绍窄带物联网(NB-IoT)的提出背景、发展流程和应用领域。

11.1.1 窄带物联网的提出背景

经过二十多年的发展,物联网通信技术内涵已经由早期的RFID延伸开去,出现了各种各样的物联网新技术。总结起来,曾经流行的物联网通信技术包括:RFID(射频识别技术),UWB(超宽带通信技术),蓝牙技术,ZigBee,Wi-Fi,3G/4G/5G技术。如果以覆盖距离为横坐标,数据传输速率为纵坐标,则可以画出这些技术生态的一个二维分布,如图11.1所示。

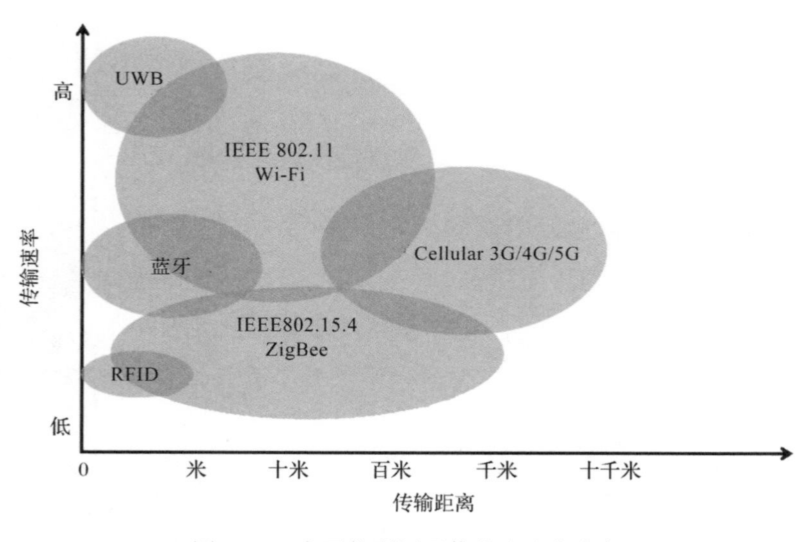

图11.1 主要物联网通信技术生态分布

由图11.1可知,对于这样的技术生态分布,右下角的低速率广域覆盖物联技术部分还没有出现占绝对优势的成熟主流技术。从应用需求层面看,这一类应用对速率要求较低;从技术要求层面看,这一类应用的最主要特征是低功耗广域连接,即要实现所谓的低功耗广域网。那么,是不是因为LPWAN这一类应用在整个物联应用中不重要,所以至今没有成熟的主流技术呢?答案为不是的。如图11.2所示,整个物联网的应用按需要的通信速率分为三类,即高速、中速和低速,呈现金字塔形分布。

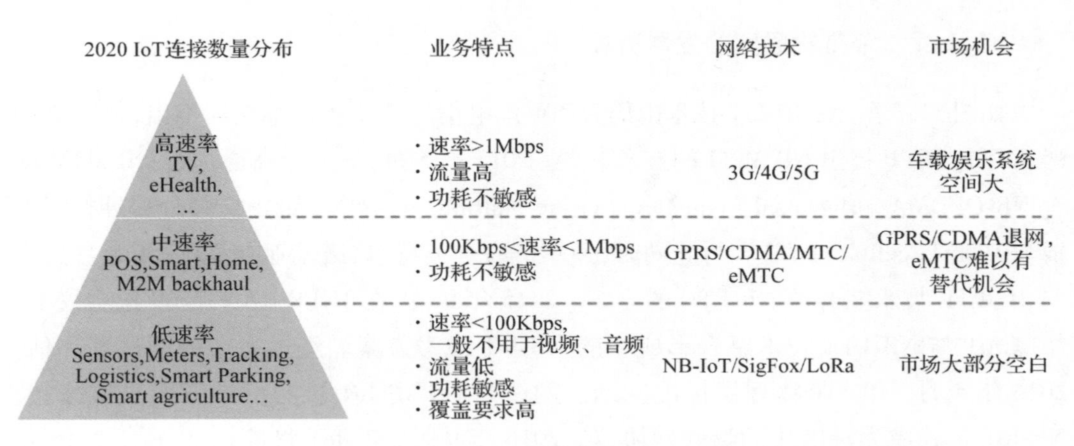

图 11.2　LPWAN 技术在 IoT 连接中的主导地位

其中,处于金字塔顶端的是高速应用,定义为速率大于 1Mbps,对功耗不敏感,使用的主要物联技术是 3G/4G,主要应用场景如车载娱乐系统等,具有较大的市场应用空间,但这类应用比较少。处于金字塔中间的是中速率应用,这一类应用的速率要求一般为 100Kbps ~ 1Mbps,对功耗不敏感,使用的主要物联技术包括 2G/3G/MTC(machine type communication)/eMTC(enhanced MTC)。这一类应用包括 M2M 主干通信、智能家居等,处于金字塔中间,数量比高速应用要多。处于整个金字塔底端的应用对速率要求不高,但是对低功耗要求严格并且希望能够广域覆盖,其需求总量占了整个物联网应用的半壁江山。该类应用速率要求小于 100Kbps,一般不用于视频和音频传输,主要用于各类小型传感器、智能抄表、智慧农业、智能停车等应用场景。目前市场上缺乏有针对性的主流技术。因此,LPWAN 技术对于完善当前物联网通信技术尤为重要。

LPWAN 是传统短距离无线物联网应用场景延伸的产物。LPWAN 技术具有广泛的覆盖范围,节点终端功耗低,网络结构简单,运营维护成本也较低。尽管 LPWAN 的数据传送速率相对较低,但是已经能够满足远程抄表、共享单车等小数据量定期上报的应用场景,并且低功耗和广覆盖的特点能够使其部署和维护成本降低很多。

作为目前主流的 LPWAN 技术之一,NB-IoT 是建立在蜂窝网络基础之上,面向低功耗、广覆盖、海量连接的新型物联网技术。它是一种典型的 LPWAN 低功耗、广覆盖技术。相比于 LoRa 与 Sigfox,NB-IoT 结合了蜂窝物联网与 LPWAN 网络的优点,直接接入蜂窝网络可以很大程度上简化网络结构,减少部署和维护的难度,同时做到了低成本、低功耗、广覆盖和大连接,非常适合中低频通信、小数据包、通信时延不敏感的物联网业务。

11.1.2 窄带物联网的发展历程

如图 11.3 所示，NB-IoT 技术由华为和英国电信运营商沃达丰共同推出，并在 2014 年 5 月向 3GPP 提出 NB M2M 的技术方案。2015 年 5 月，华为与高通宣布 NB-M2M 融合 NB-OFDMA（orthogonal frequency division multiple access）窄带正交频分多址技术形成 NB-CIoT（cellular IoT）。与此同时，爱立信联合英特尔、诺基亚在 2015 年 8 月提出与 4G LTE 技术兼容的 NB-LTE 的方案。2015 年 9 月，在 3GPP RAN 第 69 次会议上，NB-CIoT 与 NB-LTE 技术融合形成新的 NB-IoT 技术方案。经过复杂的测试和评估，2016 年 4 月，NB-IoT 物理层标准冻结。两个月后，NB-IoT 核心标准方案正式冻结，NB-IoT 正式成为标准化的物联网协议。2016 年 9 月，NB-IoT 性能标准冻结，2016 年 12 月，NB-IoT 一致性测试标准冻结。

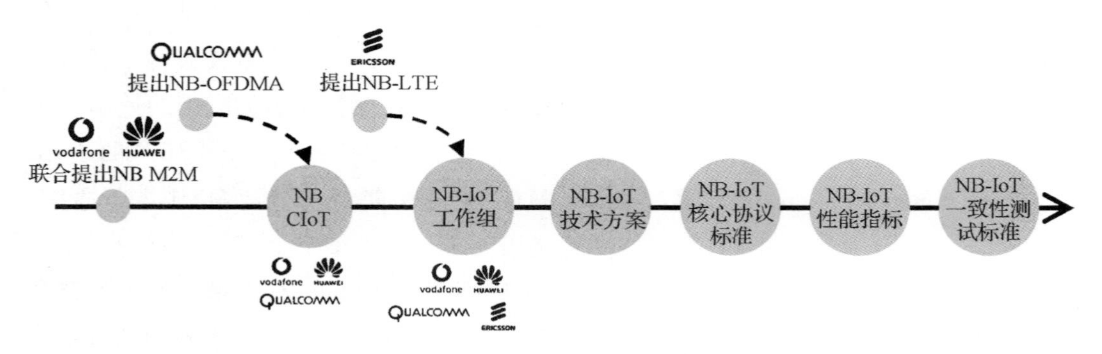

图 11.3 NB-IoT 标准的演进概况

2017 年初，NB-IoT 网络被工业和信息化部《国家新一代信息技术产业规划》列为信息通信行业“十三五”重点工程之一。

2017 年 4 月，海尔、中国电信、华为签署合作协议，共同研发新一代物联网智慧生活方案。

2017 年 5 月，上海联通公司完成上海市的 NB-IoT 商用部署，并在上海国际旅游度假区与华为共同发布 NB-IoT 技术智能停车方案，目前，华为 NB-IoT 模组 Boudica 出货量已经超过百万个。

2017 年 6 月，工业和信息化部发文明确，将从加强 NB-IoT 标准与技术研究，打造完整产业体系，推广 NB-IoT 在细分领域的应用，逐步形成规模应用体系，优化 NB-IoT 应用政策环境、创造良好可持续发展条件等采取 14 条措施，全面推进 NB-IoT 建设发展。

2020 年 5 月，NB-IoT 纳入 5G 标准，意味着 NB-IoT 技术的生命周期和应用场景得到了极大扩展，行业应用前景和应用空间进一步得到确认，随着国家对新基建的重视，以及三大运营商全面推进 5G 基站建设，将带动 NB-IoT 发展，加快拓展 NB-IoT 低时延、高可靠、大连接等应用场景。

综上所述，NB-IoT 技术的演进发展与各方巨头公司利益博弈息息相关，但是制定全球规范统一的标准也是物联网技术发展的大势所趋，3GPP 在协议标准商议过程中充分考虑到了各方利益以及技术指标，综合考虑形成了现在的 NB-IoT 技术体系。

11.1.3 窄带物联网的应用领域

NB-IoT 技术经过多年的发展，已经逐步应用到了传统的行业领域。NB-IoT 技术特征适用于一些针对性强的物联网垂直应用领域，如智能城市、智能交通、智能表计、智能可穿戴设备、智能家居和智能农业等。下面介绍一些 NB-IoT 的应用场景。

1. 共享单车

共享单车的出现将国内共享商业模式推向高潮。共享单车没有城市公共自行车办证复杂、停车桩位置调度冲突等问题，办理注册只需要支付相应押金，自行车随取随停，有效解决了短距离出行问题，为绿色出行的节能减排计划提供了一份现实可行的方案。

共享单车的电子车锁形形色色，有使用自动开关的 GPRS 连接方式，也有蓝牙解锁以及按键解锁方式。尽管共享单车通过太阳能电池板和花鼓自发电等方式给锂电池进行供电，但耗电量依旧较高。NB-IoT 方案下的共享单车能够有效克服该问题。NB-IoT 终端的功耗较低，即使不采用外部供电的方式，也可以将共享单车的电池寿命从数月延长到数年。NB-IoT 基站支持大连接，在单车分布密集的区域也能够保证单个设备的正常通信。另外，NB-IoT 的广覆盖特性可以使得在地下车库的共享单车也可以实现有效的通信。因此，NB-IoT 方案能促进共享单车的用户体验和管理效率的进一步提升。

2. 智能表计

常用的检测表计包括水表、电表、燃气表等，它们一般采用固定安装的方式。传统的抄表方式一般为委派抄表员上门对各类表计进行读数，效率低下，并且存在人工操作误差等问题。远程抄表系统专门针对数据量少、功耗低的场景设计，智能抄表终端与应用服务器之间采用双向通信功能，在提供测量、收集、存储、分析用户对表计资源使用情况之外，也可以向用户提供实时定价和远程开关服务。智慧抄表的远程数据传输功能，还能使政府以及相关运营企业通过掌握的用户大数据，对资源进行科学的配置和优化，达到效率优化以及节能减排的目的。

智能抄表通信系统一般由测量模块、数据处理模块、通信模块和应用系统等组成。测量模块采用针对测量物设计的物理测量单元和 A/D 转换模块，将待测物理量转化为数字信号量，例如采用电压、电流芯片测用电量，采用超声波、孔板流量计来测流量等。采样后的电信号通过 MCU 的处理计算,将结果进行存储、显示输出或通信发送到应用服务器,应用服务器对这些数据进行处理和显示输出。

智能抄表通信系统早前使用总线的网络连接方式,然而总线方式的部署和维护成本较高,并且许多场景布线困难,存在诸多应用屏障。近些年,ZigBee、GPRS 等无线通信方式使得网络部署变得相对便利,但是仍然存在信号干扰和穿透能力有限等问题。智能抄表通信系统需要一项信号穿透性强、覆盖面广、功耗控制强的通信技术,而 NB-IoT 的技术特点正好满足了这些需求。

3. 可穿戴智能设备

近年来,可穿戴智能设备,比如小米手环、苹果 Apple Watch 等,受到众多消费者的喜爱。然而,目前可穿戴智能设备仍然面临一些挑战。在供电方面,可穿戴智能设备体积较小,电池容量受限,使得可穿戴设备的待机时间较短;在通信方面,可穿戴智能设备一般通过低功耗蓝牙或 Wi-Fi 与手机通信,以手机作为中介,与后台服务器通信。蓝牙连接的传输速率有限、传输距离短,而 Wi-Fi 的功耗较高。另外,如果可穿戴设备没电了,后台服务器存储的数据将中断,数据采集不完整将会影响数据分析算法的性能。

NB-IoT 技术的特性也为这些难题提供了解决方案。NB-IoT 技术的低功耗使得智能可穿戴设备在几年的使用期间都不需要充电;另外,基于 NB-IoT 技术的可穿戴设备不需要智能手机作为中转,直接通过蜂窝网络和后台服务器通信,使后台服务器数据保持完整性和连续性。

11.2 窄带物联网关键技术

窄带物联网技术作为一种典型的 LPWAN 技术,具有广覆盖、大连接、低功耗、低成本四大特点,本节介绍 NB-IoT 这些关键技术的产生背景及其原理。

11.2.1 NB-IoT 的技术特点

作为 LPWAN 的一种典型技术,NB-IoT 的目标是解决当前蜂窝网应用中的主要痛点问题。总结起来,主要包含如下四个方面。

1. 典型场景网络覆盖不足

具体而言,传统蜂窝网的覆盖设计主要目的是服务。人的活动范围往往是有限且规律的,即使有信号覆盖较弱的地方,但人可能只是短暂停留,并无太大影响。而物联网各类应用中物的组成比例大大增加,比如用户野外监控场景,该场景下传统蜂窝网覆盖信号很弱甚至没有覆盖，并且，对于物联网应用而言，节点大多移动受限。因此，长期处在信号很弱的区域，如野外偏僻的环境监控系统等，网络覆盖效果不佳。

2. 终端功耗过高

当前蜂窝网络的终端模组设计主要针对每天充电的应用场景。在物联网应用中，希望电池充满后可以工作几个月甚至几年。当前蜂窝网络的通信机制要求终端一直在线而且不停响应基站的心跳数据包。即使进行系统优化，功耗依然很难降到很低，需要重新设计一种新的针对物联特征的蜂窝系统。

3. 无法满足海量终端要求

传统的蜂窝网设计中，每个基站用户接入数量往往是有限的，比如 GPRS 网络中每个基站同时接入用户的数量为数百个，而 LTE 网络每个基站的接入用户数量可以上千。对于物联终端而言，这个数量还远远不够，比如之前某品牌共享单车使用 GPRS 作为物联通信方案时，就出现过上下班高峰期在地铁站附近的单车无法操作的问题。这也是设计新的面向物联系统需要考虑的问题。

4. 综合成本高

物联网应用数量巨大、终端种类多、批量小、业务开发门槛高，这使得利用传统蜂窝网络来实现物联具有较高的成本。传统蜂窝网络主要服务人，单个终端（如手机）即使价格数千，大部分用户也可以接受。但是在物联应用中，数目巨大的终端使得成本成为系统的一个重要考量因素。

图 11.4 为传统 LPWAN 技术的痛点。

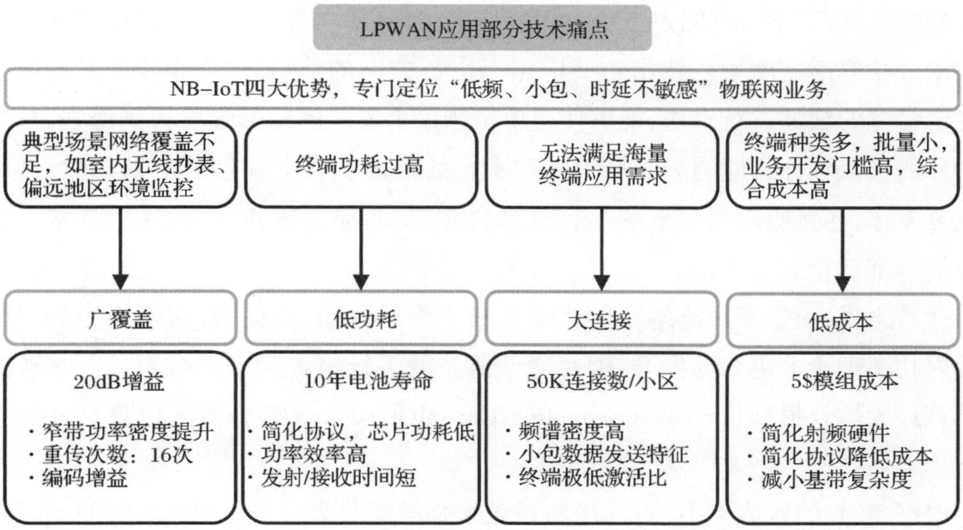

图 11.4　NB-IoT 传统 LPWAN 技术痛点

为解决上述四个痛点问题，基于蜂窝通信技术的新一代窄带物联网（NB-IoT）具备如下四大特点。

1. 广覆盖

在同样的频段下，NB-IoT 比现有移动通信网络增益高 20dB，相当于提升了 100 倍的信号接收能力，大大增强了网络的覆盖能力。因此，可以覆盖地下车库、地下室和管道井以及野外等现有移动网络信号难以到达的地方。

2. 大连接

NB-IoT 比现有蜂窝无线技术提高 50 ~ 100 倍的接入数，支持每个小区高达 5 万个用户终端（user equipment，UE）与核心网的连接。

3. 低功耗

NB-IoT 技术通过精简不必要的信令、使用更长的寻呼周期及终端进入节电模式等机制，实现降低功耗的目标，需要长生命周期的终端模块，待机时间可长达 11 年。

4. 低成本

通过控制传输速率、工作功耗和带宽来降低终端的复杂度，实现终端的低成本。市场普遍预期单个模组价格可以低于 5 美元。

11.2.2 NB-IoT 四大优势的技术原理

1. 广覆盖技术原理

NB-IoT 的“广覆盖”能力主要由两种技术实现，即功率谱密度增强技术和时域重复技术。功率谱密度增强技术主要应用于上行方向的信号。将 NB-IoT 上行信号通过更窄带宽的载波进行发送，能够使得单位频谱上发送的信号强度得到增强，从而提高信号的覆盖和穿透能力。时域重复技术指的是信息在空口信道上发送时，进行多次重复发送，在接收端对重复的内容进行合并，从而提高覆盖能力，这个技术上行和下行信号都适合。

通常来说，由于用户终端发射功率受限于终端体积、功耗等，而网络侧的射频模块发射功率理论上更容易提升，因此通信链路的下行覆盖大于上行覆盖。在链路预算计算最大耦合损耗（maximum coupling loss，MCL）时，大部分情况也只是计算上行链路。

根据 MCL 的数值大小，NB-IoT 将覆盖增强等级分为三个。根据等级的不同，NB-IoT 基站会选择对应的信息重发次数。

当 MCL < 144dB 时，定义为常规覆盖等级，这个等级与现有的 GPRS 覆盖一致。

当 144dB≤MCL≤154dB 时，定义为扩展覆盖等级，在原有基础上提升了 10dB。

当 MCL > 154dB 时，定义为极端覆盖等级，在原有基础上提升了 20dB。

图 11.5 是 NB-IoT 的覆盖能力示意，基于上述技术，NB-IoT 与 GPRS 或 LTE 系统相比，最大链路预算提升了 20dB，相当于提升了 100 倍。换句话说，即使在地下车库、地下室、地下管道等普通无线网络信号难以到达的地方也容易覆盖。

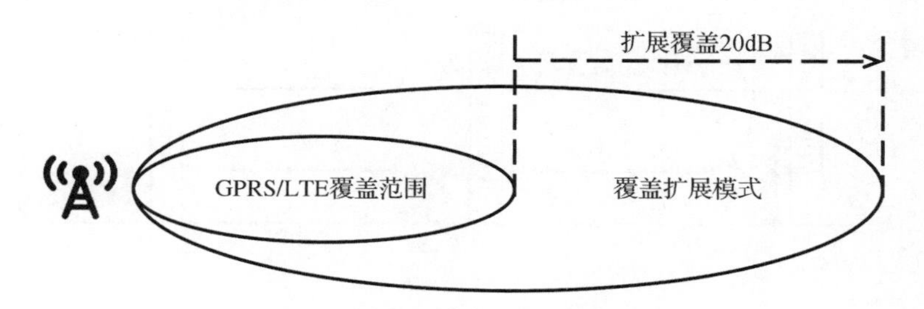

图 11.5　NB-IoT 的覆盖能力示意

NB-IoT“广覆盖”优势的两种技术的具体实现思路为：对于功率谱密度增强技术，NB-IoT 终端的射频带宽设计为 180kHz，连上保护带共 200kHz，即 GSM 的一个载波带宽，而 NB-IoT 下行子载波间隔为 15kHz，采用正交频分多址（OFDMA）调制，也就是 180kHz 的频带里包含 12 个子载波，每个子载波的带宽从 180kHz 变为 15kHz。通过这种调制方法，功率谱密度提升了 12 倍。

对于时域重复技术，重复传输的原理是通过重复发送获得时间分集增益，并采用低阶调制方式提高解调性能，扩大覆盖面。可直观地理解为，话说一次听不见，多说几次，多一次就多一次正确听到的机会，这种机会转化到通信里面，即称为增益。在标准中规定，所有的物理信道均可重复发送，理论可获得 9～12dB 增益（8～256 次重传）。

2. 低功耗技术原理

通信设备消耗的能量与传输数据的量和速率有关，也就是单位时间内发出的数据包的大小决定了功耗的大小。一般来说，NB-IoT 聚焦于低速率、小数据、对时延不敏感的应用，因此 NB-IoT 设备功耗可以非常小。

NB-IoT 终端两种新的节电特性包括功耗节省模式（power saving mode，PSM）和延长型非连续接收模式（extended discontinues reception，eDRX）。这两种模式都是通过用户终端发起请求，和核心网协商的方式来确定。用户可以单独选择其中一种模式，也可以两种都激活。

这两种模式的基本原理都是通过提升深度休眠时间的占比来降低功耗。两者相比，PSM 的省电效果相对较好，eDRX 的实时性要好一些。因此，两种模式适用于不同的应用场景,比如,eDRX 适用于宠物追踪,PSM 适用于远程抄表。

图 11.6 是 PSM 模式示意。从图中可以看到,NB-IoT 系统在跟踪区更新周期中,除了空闲状态(Idle Mode),还增加了 PSM。在该模式下,终端的射频模块被关闭,这在核心网看来相当于是终端处于关机状态。但是核心网还保留着用户的相关信息,当用户再次进入连接状态时不需要重新注册。

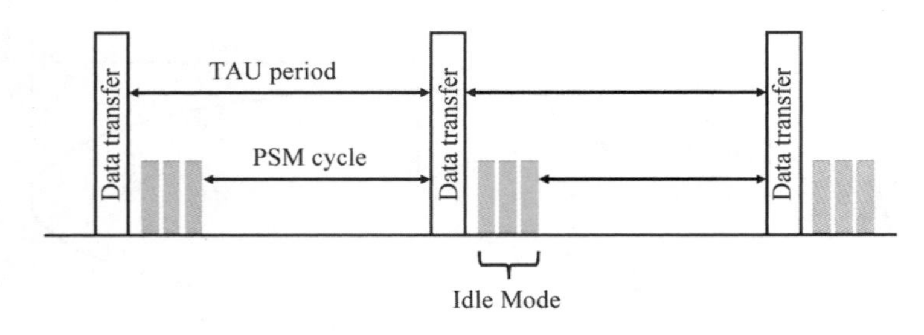

图 11.6　PSM 模式示意

在 PSM 模式下,对于终端来说,不再监听来自核心网的寻呼消息。为了支持 PSM,终端在每一次附着或者跟踪区更新(tracking area update,TAU)时,向网络侧请求激活定时器(active timer,AT)的时长。当终端需要通信或 TAU 定时器超时时,退出 PSM 模式;对于核心网来说,此时一些消息都不能发送到终端,这些下行的数据会被缓存在服务网关中,当 PSM 模式结束时,数据送达。

PSM 模式最大的优点就是,可以长时间进行休眠,使终端大约有 99% 的时间处于休眠状态,从而大大降低功耗。当然,这种行为特点也导致 PSM 模式下终端的接收响应不及时,这种模式仅限于对下行通信实时性要求不高的业务。

据实测,在 3V 电压和 50mA 且 MCL 数值为 144dBm 的环境下,PSM 模式功耗是 5μA,数据传输时功耗是 120mA。终端在 PSM 模式下的功耗远小于工作状态下的功耗。

另一个低功耗的实现技术是 eDRX 模式。这个模式是非连续接收模式(discontinues reception,DRX)的增强,这里的 e 是 extended 的缩写,顾名思义,就是扩展的 DRX。它的节能思路是支持更长周期的寻呼监听。传统的 DRX 最长只有 2.56s,对终端耗能过大。实际上,一些应用与核心网通信的频率远低于 2.56s。因此,可以通过终端与核心网双方协商,使用户跳过大部分的寻呼监听来达到省电的目的。图 11.7 是 eDRX 模式示意,在一次数据传输和寻呼监听结束后,终端进入 eDRX 周期。该周期最长可高达 2.91h,eDRX 周期结束后,再次进入数据传输。

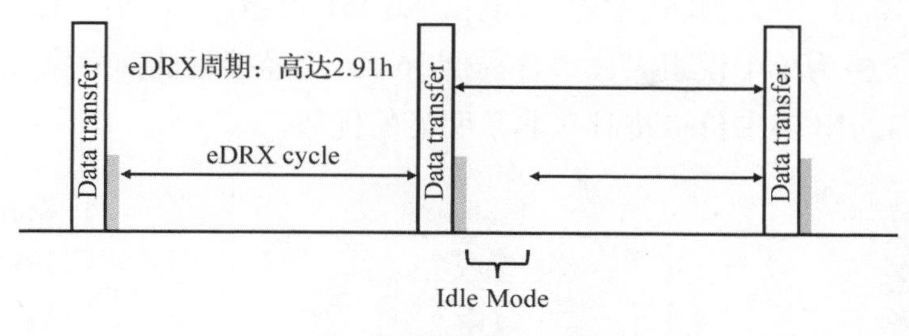

图 11.7　eDRX 模式示意

综上所述，PSM 和 eDRX 是 NB-IoT 降低功耗的关键技术。PSM 的原理是在 idle 态的基础上关闭了射频模块，使得在 PSM 模式下终端功耗仅 15μW。eDRX 的原理则是扩大非连续接收的周期，减少终端监听网络的频度，从而大大降低功耗。

除了上述的两点外，低功耗的实现还依靠其他的技术。例如，NB 的芯片复杂度降低，使得工作电流减小；空口信令进行了简化，减少了单次传输的功耗；基于覆盖等级的控制和接入，减少了单次传输的时间；长周期的路由区更新和暂时可选路由可以减少终端更新位置的次数。

以上多种技术集成在一起，实现了 NB-IoT 的超低功耗。

3. 低成本技术原理

NB-IoT 的低速率、低带宽和低功耗特性使得终端低成本成为可能。例如，低速率意味着芯片模组不需要大的缓存，功耗低意味着射频设计的要求可以降低。因此，设计目标希望通过降低终端复杂度和部分性能要求，从而达到降低终端成本的目的。主流的通信芯片和模组厂商都有明确的 NB-IoT 产品计划，积极打造生态，共同推动终端侧的成本降低。另外，从运营商建设角度，NB-IoT 物联网络无须全部重新建设，射频和天线基本上无须重复投资，从而降低了组网成本。

NB-IoT 采用更窄的传输带宽、更低的传输速率和更简单的调制解码，从而降低存储器和处理器的要求；通过采用低复杂度同步方案和降低精度要求，实现晶振成本降低 2/3 以上；在 3GPP 标准中，通过使用接收和发射无带通滤波器方案，采用 LC 电路代替带通滤波器。此外，NB-IoT 峰均比低，可在芯片内部集成功率放大器。

如图 11.8 所示，将 LTE、MTC 和 NB-IoT 芯片内部资源进行对比可以看到，无论是基带（BB），还是射频（RF），或者是功放（PA）、功率管理单元（PMU）以及所使用的存储单元（包括 Flash 和 RAM），NB-IoT 芯片所需要的资源都比前两者少。既然 NB-IoT 芯片内部所使用的物理资源远远少于前两者，那为什么现在市场上的 NB-IoT 模组的价格要远高于 2G 模组呢？原因在于，目前 NB-IoT 模组的使用量还没有进入爆发期，需求量小导致单个模组成本较高。一旦 NB-IoT 在连接数上如预期一样远远超过其他制式蜂窝网络，其价格将有望远远低于现有市面上其他制式蜂窝模组价格。

2017 年 10 月 16 日，中兴物联中标中国电信 NB-IoT 模组“宇宙第一标”，总规模高达 50 万片，中标价格为单个模组人民币含税价 36 元，已经接近此前大家预期的 5 美元。所以从长期来看，NB-IoT 价格将具有非常明显的优势。

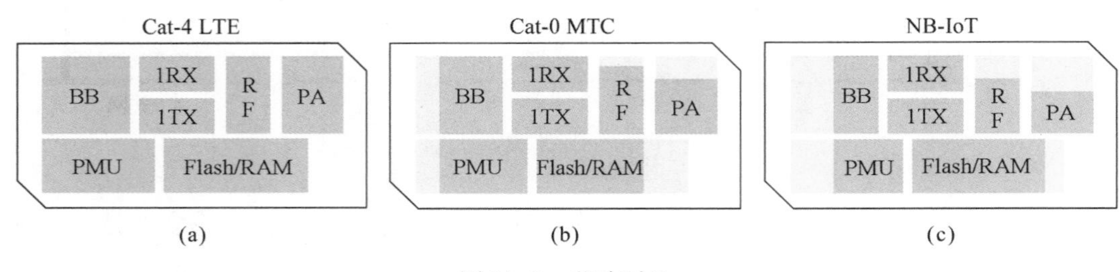

图 11.8　芯片对比

4. 大连接技术原理

为了满足万物互联的需求，NB-IoT 技术标准关注的重点不是用户的无线连接速率，而是每个站点可以支持的连接用户数。当前的通信基站主要是保障用户的并发通信和减少通信时延，而 NB-IoT 对业务时延不敏感，可以设计更多用户接入，保存更多用户上下文。因此，NB-IoT 有 50 ~ 100 倍的上行容量可提升，设计目标为每个基站小区支持 5 万连接数。大量终端处于休眠状态，其上下文信息由基站和核心网维持，一旦终端有数据发送，可以迅速进入连接状态。值得注意的是，可以支持每个小区 5 万个连接数，而不是可以支持 5 万个并发连接，只是保持 5 万个连接的上下文数据和连接信息。在 NB-IoT 系统的连接仿真模型中，80% 的用户业务为周期上报型，20% 的用户业务为网络控制型，在该场景下可以支持 5 万个连接的用户终端。因此，能否达到该设计目标还取决于小区内实际终端业务模型等因素。

NB-IoT 下行物理层信道是基于传统的正交频分多址接入方式（OFDMA），一个 NB-IoT 载波对应一个资源块，包含 12 个连续的子载波，全部基于 15kHz 的子载波间隔设计，并且 NB-IoT 用户终端只工作在半双工模式。

为了进一步提升功率谱密度，起到上行覆盖增强的效果，NB-IoT 的上行物理层信道除了采用 15kHz 子载波间隔之外，还引入了 3.75kHz 的子载波间隔。因此，NB-IoT 的上行物理层信道基于 15kHz 和 3.75kHz 两种子载波间隔设计，分为 Single-Tone 和 Multi-Tone 两种工作模式。

NB-IoT 的上行物理层信道的多址接入技术采用单载波频分多址接入（single-carrier frequency division multiple access，SC-FDMA）。在 Single-Tone 模式下，一次上行传输只分配一个 15kHz 或 3.75kHz 的子载波；而在 Multi-Tone 模式下，一次上行传输支持 1 个、3 个、6 个或 12 个子载波传输方式。

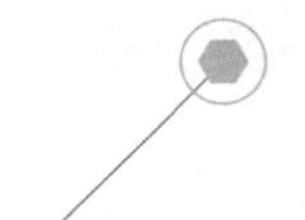

11.3 窄带物联网体系结构

除上一章介绍的四大优势外，NB-IoT 在部署方面也具有优势。其可以直接部署于长期演进(long term evolution，LTE)网络，也可以基于目前运营商现有的 2G 网络进行接入，从而降低部署成本。本节介绍窄带物联网的体系结构和部署模式。

11.3.1 窄带物联网的应用框架

传统的 LTE 网络体系架构，主要面对互联网需求，目的是给用户提供更高的带宽、更快的接入。然而在物联网应用中，由于终端节点数量众多、低功耗要求高、数据量不大、网络覆盖分散等，LTE 网络已经无法满足物联网的实际发展需求。

NB-IoT 从一开始就面向低功耗、广覆盖的物联网市场，基于授权频谱，可以直接部署于 LTE 网络，通过设备升级的方式降低部署成本，实现平滑升级。

如图 11.9 所示，NB-IoT 的网络体系架构可分为如下五个部分：用户终端、无线接入网、核心网、IoT 平台、应用服务器。其中，终端与接入网之间是无线连接，即 NB-IoT 网络，其他几部分之间一般是有线连接。

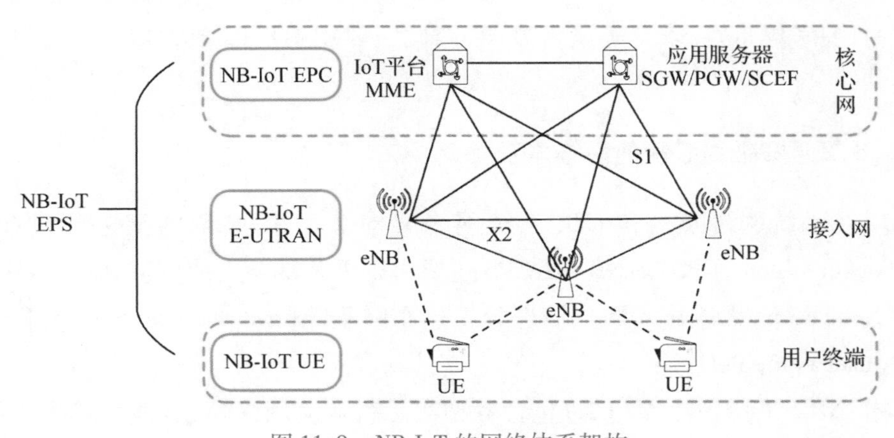

图 11.9 NB-IoT 的网络体系架构

用户终端：具体应用的终端实体，比如搭载 NB-IoT 传输模块的水表、地磁车位监测仪、环境气体监测器等，可以通过基站与无线接入网进行对接。

无线接入网：由多个基站组成，主要承担空口接入处理和小区管理等相关功能，进而与 IoT 核心网进行连接，将非接入层数据转发给高层网元处理。

核心网：承担与终端非接入层交互的功能，将 IoT 业务相关数据转发到 IoT 平台进行处理。

IoT 平台:IoT 连接管理平台汇聚各种接入网得到的 IoT 数据,根据不同类型转发给相应的业务应用处理。

应用服务器:它是 IoT 数据的最终汇聚点,可以完成用户数据的预处理、存储,并根据客户的需求进行数据处理等操作,提供用于客户端访问的后端和前端程序。

从用户应用开发角度来说,整个端到端的业务流程有以下几方面。

UE(Device)与接入网(NB-IoT eNB)/核心网(IoT Core)之间:基于 NB-IoT 技术进行通信,分为 AS(接入层)和 NAS(非接入层),这部分基本由芯片实现。AS 层主要负责无线接口相连接的相关功能。当然,它不仅限于无线接入网及终端的无线部分,也支持一些与核心网相关的特殊功能。AS 层支持的功能有:无线承载管理(如无线承载分配、建立、修改与释放)、无线信道处理(如信道编码与调制)、加密、移动性管理(如切换、小区选择与重选)等。NAS 层主要负责与接入无关、独立于无线接入相关的功能及流程,包括会话管理(会话建立、修改、释放以及 QoS 协商)、用户管理(用户数据管理以及附着、去附着)、安全管理(用户与网络之间的鉴权及加密初始化)、计费等。

UE(Device)与 IoT 云平台(IoT Platform):一般使用 CoAP 等物联网专用的应用层协议进行通信,这是因为 NB-IoT UE 的硬件资源配置一般较低,不适合使用 HTTP/HTTPs 等复杂的协议。

IoT 云平台(IoT Platform)与第三方应用服务器(App Server):由于两者的性能都很强大,且要考虑带宽、安全等诸多方面,因此一般用 HTTPs 或 HTTP 等应用层协议进行通信。

11.3.2 窄带物联网的网络体系

NB-IoT 系统网络架构和 LTE 系统网络架构基本相同,都为演进分组系统(evolved packet system,EPS)。NB-IoT EPS 主要由以下几部分组成:基站(eNodeB,ENB,也称为 E-UTRAN,无线接入网)、演进分组核心网系统(evolved packet core,EPC)、用户终端(user equipment,UE)。

其中,NB-IoT 用户终端(UE)包含各种实际行业应用终端,是整个网络体系中底层的业务实体。UE 通过空中接口,接入 E-UTRAN 无线网中,无线接入网由多个 NB 基站组成,这张无线网通过 S1 接口跟核心网对接。E-UTRAN 无线网和 EPC 核心网在 NB-IoT 网络架构中承担着独立的功能,两者之间相互对接。

11.3.3 窄带物联网的部署模式

由于在低频部署网络可以有效降低站点数量,提升覆盖深度,因此,全球大多数运营商都选择在低频部署 NB-IoT 网络。NB-IoT 的网络部署模式有三种,即独立

(Standalone)部署、保护带(Guard-Band)部署和带内(In-Band)部署。

独立部署是将 NB-IoT 网络部署在传统的 2G 频谱或其他离散频谱,利用现网的空闲频谱或新的频谱,不与现行 LTE 网络形成干扰。如图 11.10 所示,该模式使用独立的 200kHz 系统带宽部署载波,传输带宽为 180kHz,两边各留 10kHz 的保护带。

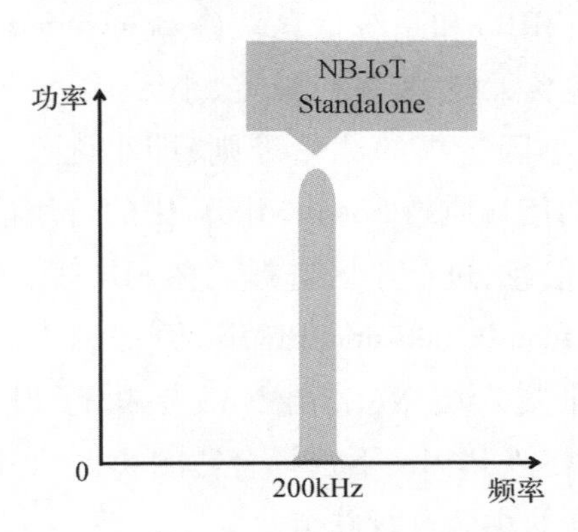

图 11.10　NB-IoT 的网络部署频带

保护带部署是将网络部署在 LTE 频谱边缘的保护频段,使用较弱的信号强度,可以最大化利用频谱资源。该部署方式的优点是,不需要一段自己的频谱,但可能会与 LTE 系统发生干扰。

带内部署是将网络部署在 LTE 带内的一个物理资源块(physical resource block, PRB)。因为低频段信号能有更广的覆盖率和较好的传播特性,且对于室内环境有更深的渗透率,所以 NB-IoT 通常部署在低频段上。

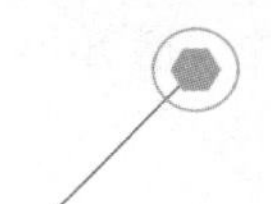

11.4　窄带物联网入网流程

NB-IoT 终端设备(UE)刚上电后,对于网络侧来说是不可达的,需要与 NB-IoT 网络建立连接关系,即入网过程。NB-IoT 终端设备入网流程如图 11.11 所示。

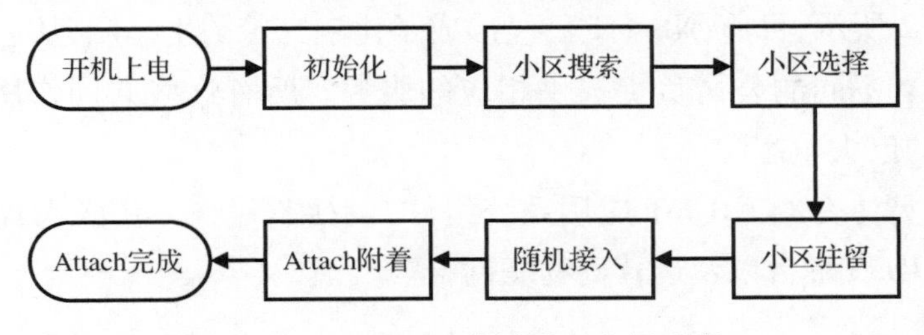

图 11.11　NB-IoT 终端设备入网流程

具体来说,UE 开机后,首先进行初始化。初始化主要包含 SIM 卡识别和搜网相关参数读取两部分内容。之后进行小区搜索,小区搜索过程是 UE 和小区取得时间和频率同步并检测小区 ID 的过程。小区搜索完成后,UE 会获得当前小区的物理小区标识(physical cell identifier, PCI),UE 使用获得的 PCI 去解当前小区的主信息块(master information block,MIB)和系统信息块(system information block,SIB)消息,然后进行消息解析。MIB 包含天线数、下行带宽、小区 ID、注册的频点等消息;SIB 包含 PLMN、小区 ID、S 准则(小区选择的测量准则,即小区搜索中的接收功率 Srxlev > 0dB,且小区搜索中接收的信号质量 Squal > 0dB)中的可用信息等。

下一步,根据得到的信息,进行小区选择。在 SIB 信息中会携带网络侧的公共陆地移动网络(public land mobile network,PLMN)列表,UE 的接入层 AS 会把解析的 PLMN 列表上报自己的非接入层 NAS,由 NAS 层执行 PLMN 的选择,选择合适的 PLMN。选定 PLMN 后会在该 PLMN 下选择合适的小区,小区的选择按照 S 准则,UE 选择该 PLMN 下信号最强的小区进行驻留。

小区选择成功后,进行小区驻留。当驻留到小区后,启动随机接入过程建立无线资源控制(radio resource control,RRC)连接,完成上行链路同步。随机接入过程是 UE 向系统请求接入,收到系统响应并分配接入信道资源的过程。

RRC 连接建立,完成 Attach 附着。附着过程完成后,网络侧记录 UE 的位置信息,相关节点为 UE 建立上下文。同时,网络建立为 UE 提供"永远在线连接"的默认承载,并为 UE 分配 IP 地址,UE 驻留的跟踪区列表等参数。

此后,UE 在空闲状态下需要发送业务数据时,则发起服务请求过程。当网络侧需要给 UE 发送数据时,则发起寻呼过程。当 UE 关机时,则发起去附着流程,通知网络侧释放其保存的该 UE 的所有资源。

11.5 窄带物联网应用系统组件

如图 11.12 所示,目前,NB-IoT 已经形成了比较完善的生态圈,从芯片、模组到终端、运营商,都有不同的公司负责提供相应的服务。所有这些共同作用,构成了 NB-IoT 欣欣向荣的巨大生态圈。

接下来将具体介绍 NB-IoT 应用系统组件,包括芯片、模组、嵌入式操作系统、主流 IoT 物联网 PaaS 平台以及运营商物联网卡。

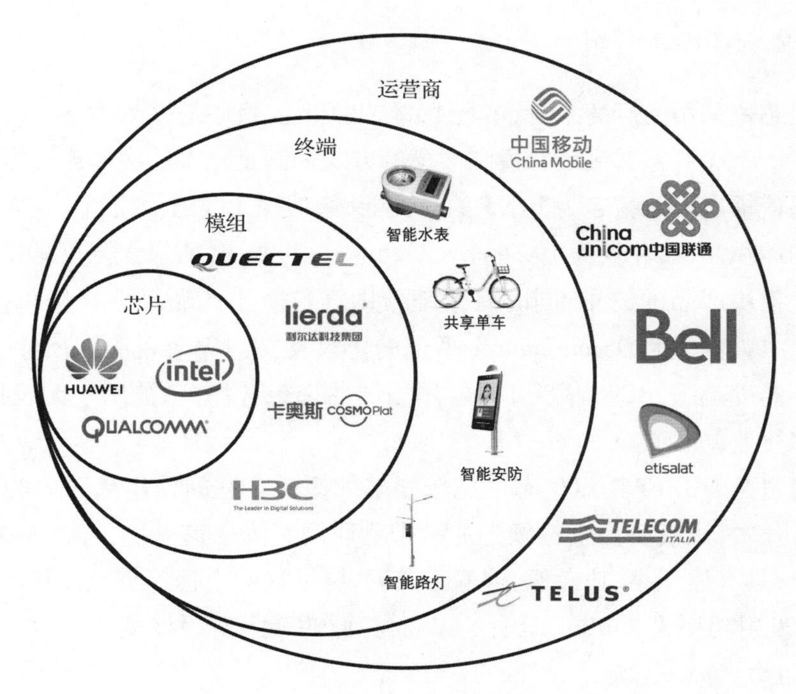

图 11.12　NB-IoT 生态圈

11.5.1　NB-IoT 芯片

从产品的规格和特性来看，NB-IoT 芯片同时集成 GPS、蓝牙等功能扩展应用。市场主流的芯片公司，基本是从事通信领域的 IC 设计公司。下面是主要芯片厂商的情况介绍。

由台积电代工的华为 NB-IoT 芯片（Boudica 系列）已经在 2017 年 6 月大规模上市。Boudica 120 规划月发货能力在百万片以上。目前，华为公司已经与 40 多家合作伙伴、20 余种产业业态展开合作，2017 年底在全球范围内支持约 30 张 NB-IoT 商用网络，促进了 NB-IoT 技术规模化商用。

业界巨头高通认为，物联网多模是趋势，NB-IoT 与 eMTC 这两项技术将相互发挥各自的特点，弥补不足。因此，高通推出了可以支持 eMTC/NB-IoT/GSM 的多模物联网芯片 MDM9206。这款芯片凭借单一硬件就能实现对于 eMTC/NB-IoT/GSM 的多模支持，用户可以通过软件进行动态连接选择。同时集成的射频可以支持 15 个 LTE 频段，基本可以覆盖全球大部分区域。其优势就在于，通过单个 SKU 解决了全球运营商及终端用户多样的部署需求，具有高成本效益、快速商用、可通过空中下载技术（over-the-air technology，OTA）升级保障等。

锐迪科推出的 NB-IoT 芯片 RDA8909，支持 2G 和 NB-IoT 双模，符合 3GPP release 13 下的 NB-IoT 标准，还可以通过软件升级支持最新的 3GPP release 14 标准。

11.5.2 NB-IoT 模组

从模组芯片采用的厂商来看，市场上的 NB-IoT 模组还是以华为 Boundica 和高通的芯片为主。不少厂家选用了双模和多模的方式来满足更多的应用连接需求。

移远通信推出了一款名为 BC95 的高性能、低功耗无线通信模组。它的最大优势在于较小的体积，其尺寸仅为 19.9mm × 23.6mm × 2.2mm，能最大限度地满足终端设备对小尺寸模块产品的需求，同时有效地帮助客户减小产品尺寸并优化产品成本。另外，BC95 内置对华为 OceanConnect 平台的协议支持。凭借紧凑的尺寸、超低功耗和超宽工作温度范围，BC95 成为 IoT 应用领域的理想选择，已被用于无线抄表、共享单车等诸多行业。

利尔达也是 NB-IoT 模组生态中比较知名的企业。它的模组基于华为海思 Boudica 芯片组开发，该模块为全球领先的窄带物联网无线通信模块，符合 3GPP 标准中的频段要求，具有体积小、功耗低、传输距离远、抗干扰能力强等特点。接收灵敏度达 -128dBm，发射功率为 23dBm，具有 5μA 的超低功耗。使用该模块可以方便客户快速、灵活地进行产品设计。

11.5.3 物联网嵌入式操作系统

物联网集多种专用或通用系统于一体，具有信息采集、处理、传输和交互等功能；传统嵌入式系统相对物联网而言更具备专用性，实现单一特定的功能，因而物联网应用架构中包含了嵌入式系统的功能。随着嵌入式系统的不断发展，其系统功能日趋复杂化，如现今发展已经比较成熟的手机、GPS 定位等系统，均可以直接融入物联网当中。

针对日益发展的物联网应用，产业链上的厂家根据物联网的特点、自身产品以及发展策略，打造了适用于物联网应用的嵌入式操作系统。物联网嵌入式操作系统如同物联网终端的“大脑”和“中枢神经”，物联网应用需要嵌入式系统来负责采集、传输和处理终端信息，嵌入式系统的优劣将直接影响物联网应用的效果。

11.5.4 IoT 平台

在物联网应用架构中，用移动端或者 PC 端和非同一个局域网下的其他硬件设备直接通信，或者不同的硬件设备之间通信，都需要位于互联网上的服务器进行中转处理，这类服务器资源就是物联网云端。对于传统的中小型物联网应用开发企业，如果自行创建和管理服务器，势必需要投入较大的资金和时间，同时还存在着运维的风险。因此，市场上由专业的平台公司，通过提供物联网 PaaS 服务，帮助物联网应用开发者降低应用开发的复杂度，降低风险，加速产品开发和上市周期。

目前提供物联网平台服务的企业,大致分为三类:

(1)传统互联网企业。

(2)通信行业企业及运营商。

(3)以物联网平台为发展方向的创业公司。

目前,主流的 IoT 平台有中国移动 OneNET 平台,华为 OceanConnect IoT 平台和阿里云物联网平台等。

第11章 习题

选择题

1. NB-IoT 可以解决共享单车目前遇到的哪些瓶颈？（多选）

   A. 连接数　　B. 功耗　　C. 定位　　D. 覆盖性

2. PSM 和 eDRX 的优势在于，前者省电效果好，后者实时性高。

   A. 对　　B. 错

3. 高通的多模物联网芯片支持哪些协议？（多选）

   A. eMTC　　B. NB-IoT　　C. GSM　　D. GPRS

答案

CHAPTER 12

第 12 章

LoRa 通信

低功耗广域物联网目前有 LoRa、NB-IoT 和 Sigfox 等多种技术。由于 Sigfox 在国内没有频段,所以国内的主流技术是 LoRa 和 NB-IoT。LoRa 因其具有灵敏度高、抗干扰能力强以及系统容量大等特点而被广泛应用于低功耗、远距离、大连接以及定位跟踪等物联网应用场景。

本章的学习要点包括:

1. 了解 LoRa 技术的基本概念、应用现状和技术优势;
2. 学习 LoRa 扩频技术和原理;
3. 了解基于 LoRa 的广域网 LoRaWAN 及其网络架构和协议结构。

12.1 LoRa 通信简介

LoRa 技术是 Semtech 公司创建的一个低功耗广域物联网的无线标准，全称远距离无线电，英文是 Long Range Radio。LoRa 主要描述点对点无线（RF）连接。它并非一个网络，而是长距离的无线物理层协议。因其具有灵敏度高、抗干扰能力强以及系统容量大等特点，在同样功耗条件下，它比类似无线通信系统的传输距离远 3 ~5 倍。

LoRa 现由思科、IBM、腾讯、阿里、中兴等多家企业共同组织的 LoRa 联盟推动。目前，LoRa 网络已经在全世界 30 多个国家，150 多个城市进行了试点和部署。在物联网通信领域，LoRa 是第一个商用低成本实现的线性扩频跳频技术。该技术的引入，改进了以往传输距离和功耗要进行折中的设计方案，它提供了一种简单的实现长距离、长电池寿命、低成本的物联通信方案。

LoRa 的技术优势主要体现在以下几个方面：

（1）大大改善了接收灵敏度的同时又降低了高达 157dB 的链路预算，使 LoRa 的通信距离可达 15km（与环境有关）。同时，LoRa 节点的接收电流仅 10mA，睡眠电流为 200μA，从而大大延长了电池的工作时间。

（2）基于 LoRa 技术的网关/集中器可以支持多信道、多数据速率并行处理，大大增加了系统容量。在 LoRa 网络中，网关是节点与 IP 网络之间的桥梁，以每次发送 10Bytes、网络占用率 10% 计算，每个网关每天可以处理 500 万次各节点之间的通信。如果把 LoRa 网关安装在现有的移动通信基站位置，发射功率设置为 20dBm（100mW），那么在建筑密集的城市环境下，可以覆盖 2km 左右的范围，如果在建筑密度较低的郊区，则覆盖范围可达十几千米。

（3）基于 LoRa 终端和网关/集中器的系统可以支持测距和定位功能。LoRa 对距离的测量是基于信号在空中的传播时间，与传统的 RSSI 测量方式不同。而定位的原理则基于多个网关和一个节点之间的信号空中传播时间差来计算具体的位置。

（4）LoRa 工作在全球免牌照公共频段上，降低了用户的使用成本。

这些关键特征使得 LoRa 技术非常适用于低功耗、远距离、大连接以及定位跟踪等物联网应用场景，如智能抄表、智能停车、物流追踪、宠物跟踪、智慧农业、智慧城市等领域。

12.2 LoRa 扩频技术

LoRa 的优势之一为传输距离远,这一优势背后的原因是扩频通信。本节对扩频通信展开介绍。

扩频通信将信号的带宽扩展数倍进行通信,所以它的基本特点是传输信息所用信号的带宽远远大于信息本身所占带宽。如图 12.1 所示,左下方的 User Data 是需要传输的原始数据,Code 部分是扩频码,将原始待传输数据信号和用于扩频的扩频码进行异或运算,生成最终要发射的信号流,也就是图右下方的传输信号 Transmitted Signal,称之为 Chip 或者码片。为什么称该过程为扩频?这是因为原始的传输数据在频率上看,呈"瘦长"形,所占宽度为 $1/T$,但是在进行扩频之后传输的信号就变成了图中的"矮胖"形频谱分布了,这时,信号所占的带宽变成了 $1/T_c$(c 表示 T 时间内传输的扩频码数量的倒数),远远大于 $1/T$。频谱拓展意味着单位频谱的能量降低,所以扩频通信的原理就是把原始待传输信号的频谱进行拓宽,单位频谱上的信号能量也相应降低。

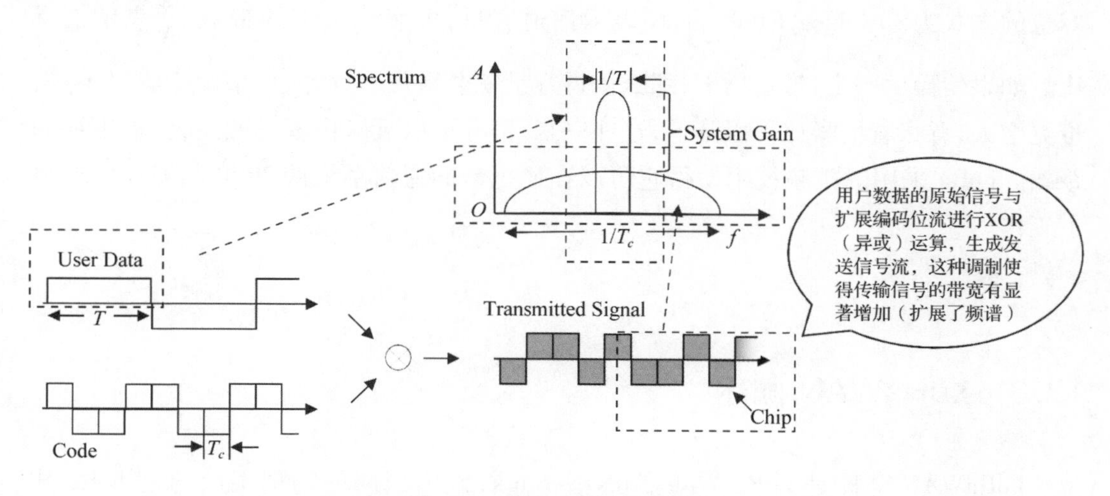

图 12.1 扩频通信的原理图

图 12.2 是 LoRa 扩频调制和解调过程,图中最上面一行是待传输的原始码元数据,第 2 行是扩频码,把原始数据和扩频码做异或之后,就可以得到要发送的数据,在接收方接收到发送的数据以后,也是用同样的办法将接收的数据和扩频码进行异或,这样异或出来的数据就是发送方发送的原始数据。

扩频中的一个重要参数是扩频因子(spreading factor,SF)。LoRa 线性调频、扩频调制采用多个码片或者多个比特来代表一个有效的信息位,这个速率称为码片速率,而扩频调制的原始发送数据速率称为符号速率,码片速率与符号速率之间的比值就是扩频因子,其表示每个信息位发送所需要的码片数量,LoRa 的扩频因子数值一般可以从 7 到 12,LoRa 的传输距离与扩频因子成正比,与数据传输速率成反比。

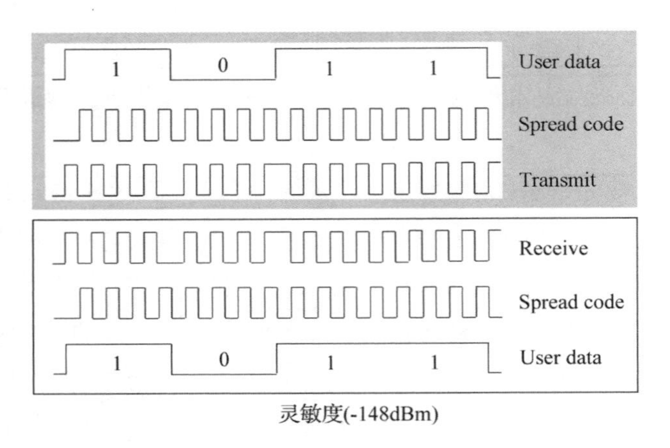

图 12.2　LoRa 扩频调制和解调

在常规的数字通信中,为了传输一个数据,通常要使用尽可能小的带宽。但是扩频通信要尽可能使用大带宽,可以从香农定理得出其中的原因。香农定理关于信道容量的公式为 $C = W\log_2\left(1+\frac{S}{N}\right)$,$C$ 表示信道容量,W 表示信道的带宽,$\frac{S}{N}$表示信噪比。如果信噪比一定,带宽增大,那么信道容量就会增加。反之,如果信道容量不变,带宽增大,意味着信噪比可以降低,这样一来,信号可以衰减更多的幅度,传输更远的距离。LoRa 采用的扩频技术使得它可以在比正常的通信系统低 20dB 信噪比的环境下工作。

12.3　LoRaWAN 概述

LoRaWAN 全称是 LoRa Wide Area Network,该广域网的物理层用的是 LoRa 技术。图 12.3 是 LoRaWAN 的网络架构。从图中可以看出,LoRaWAN 网络主要由终端、网关、网络服务器和应用服务器 4 部分组成。

(1)终端(End Node)又称之为节点,包括传感器、数采仪、仪器仪表等。目的是采集数据,然后利用 LoRa 模组把数据经过 LoRa RF 传至 LoRa 网关。有些终端也具备命令执行功能,例如水表接收了关闭指令,可以关闭连接的水管。终端一般情况下都是用电池供电的。

(2)网关(Gateway)负责接收终端的 RF 信息,转成 IP 数据包发到网络服务器。

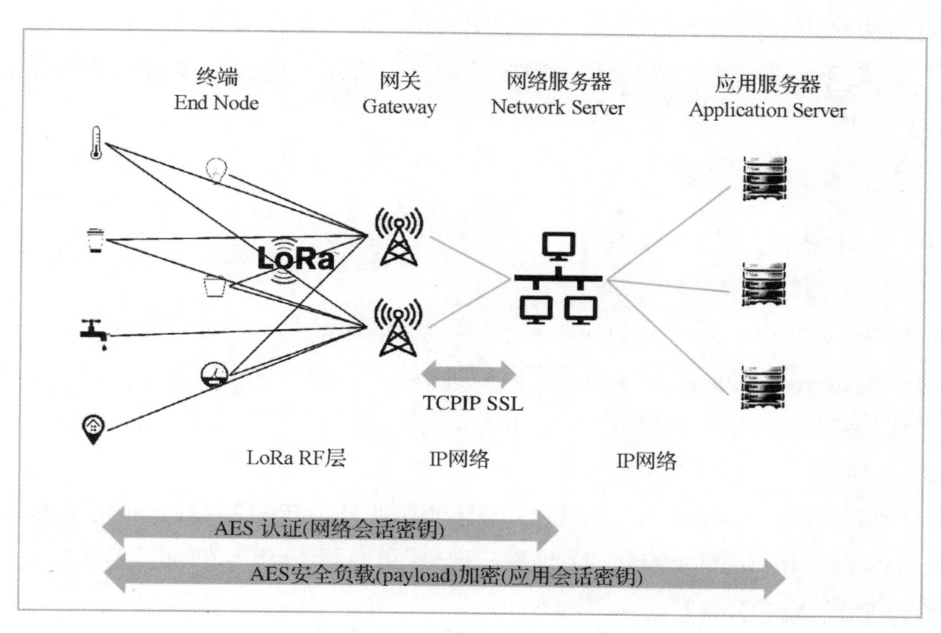

图 12.3　LoRaWAN 的网络架构

一般网关具有 8 个频道,同时可接受 8 个终端的上行与下行数据传输。所有下达命令是经过网关发送到终端。每个网关,每天可以接受 10 万个上行与下行的数据包。因此,一个 LoRa 网关可连接数千个终端。

(3)网络服务器(Network Server)为 LoRaWAN 网络铺建的心脏地带。它负责管理所有的网关与终端,包括终端的认证、传输、网关的状况、补丁等,以及把相关数据传送到相应的应用服务器上。网络服务器也能维护每个终端的记录数据。

(4)应用服务器(Application Server)位于整个网络的最尾端。用户日常接触的不同行业的应用软件都定义在这里。而 NS(Network Server)和 AS(Application Server)之间的协议,LoRaWAN 没有明确定义,一般会用 HTTP、MQTT 等协议。

LoRaWAN 网络通常采用星型拓扑结构,由拓扑中的网关来转发终端与后台服务器之间的消息,网关一般通过标准的 IP 连接来接入网络服务器,而终端通常是通过单跳的 LoRa 来和一个或者多个网关进行通信。虽然主要的传输方式是终端上行传输数据给网络服务器,但是所有的通信都是双向的。

LoRaWAN 的特点是它的数据速率是自适应的,也就是说,终端和网关之间的通信可以被分散到不同频点的信道和不同的数据速率上来完成。数据速率的选择,要综合考虑通信的距离和消息时长两个因素。使用不同数据速率的设备互不影响,数据速率范围可以从 0.3Kbps 到 37.5Kbps。

每个设备可以使用任意速率来发送数据,前提是要遵守以下三个规定:

第一,终端的每次传输都要使用伪随机的方式来改变信道。

第二,终端要遵守本地区无线电规定中的最大发射的占空比的要求。

第三,终端要遵守相应频段和本地区的无线电规定中的最大发射时长的要求。

12.4 LoRaWAN 协议结构

LoRaWAN 的协议层次分为应用层、MAC 层和物理层。

应用层(Application):为终端的应用软件。

MAC 层(LoRaWAN MAC):MAC options 定义的终端类型有 Class A、Class B、Class C 三种。

物理层(LoRa Modulation):LoRa 的设计使用非授权免费频段(Industrial Scientific Medical,ISM)。Regional ISM 参数划分了各区的频谱运用。例如,EU868 为欧洲,US915 为北美,AS923 为亚洲。

LoRaWAN 的协议层次如图 12.4 所示。

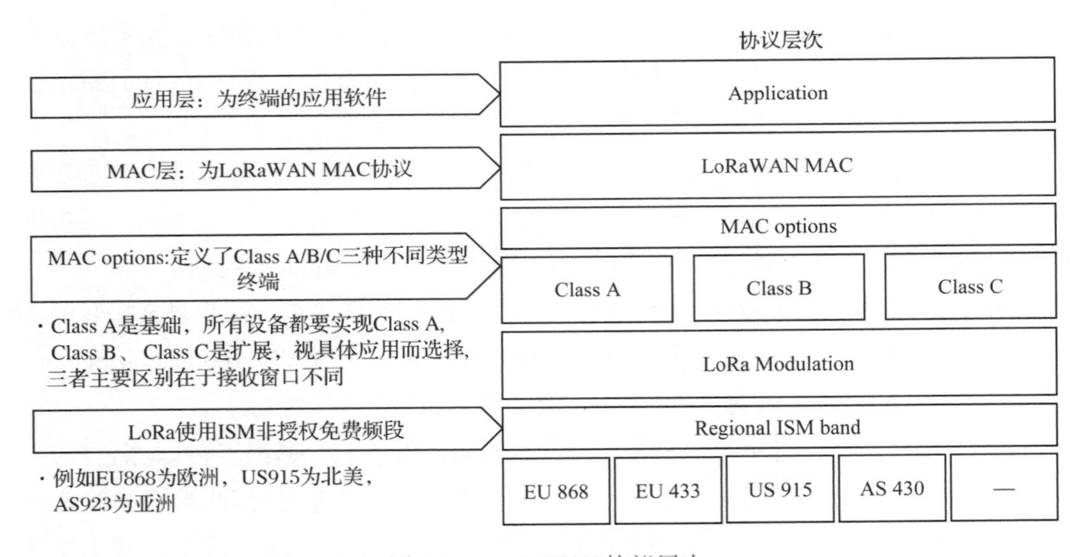

图 12.4 LoRaWAN 协议层次

在 LoRaWAN 的通信结构中,为了在省电和效率之间进行平衡,把终端的通信模式分为 Class A、Class B 和 Class C。Class A 是 LoRa 双向传输终端,Class B 是约定接收时间的双向传输终端,Class C 是最大化接收数据时间的双向传输终端。

1. Class A

使用 Class A MAC 协议的终端在每次上行之后,都会紧跟两个短暂的下行接收窗口,从而实现双向通信,终端基于自身通信要求来安排传输时序,具体接收窗口的时间是在随机时间的基础上,具有较小的变化,这种 Class A 的 MAC 终端为应用提供了最低功耗的系统要求。它只要求终端上行传输后的很短时间内进行服务器的下行传输,服务器在其他时间需要进行数据传输时,无法主动发起传输,都得等到终端的下一次上行数据之后,再将数据进行下行传输。Class A 的终端只需要在发送数据后指定时间开两个小的接收窗口,后面其他时间都可以关闭接收机。

图 12.5 为 Class A 终端接收时隙的时序,终端先发送上行数据,发送完以后等待 RECEIVE_DELAY1 ±20μm 开启第 1 个接收窗口 RX1。第 1 个接收窗口 RX1 使用的频率和上行频率有关,使用的速率和上行速率有关。如果在第 1 个接收窗口 RX1 开启期间没有接收到数据,就等待 RECEIVE_DELAY1 ±20μm 打开第 2 个接收窗口 RX2;如果在第 1 个接收窗口检测或者接收到了数据,就不必开启第 2 个接收窗口。不论是第 1 个窗口还是第 2 个窗口,接收窗口的开启时间至少要有足够的时间检测到下行数据的前导码,如果检测到了下行数据的前导码,就要保持窗口继续开启,直到数据全部接收完毕。

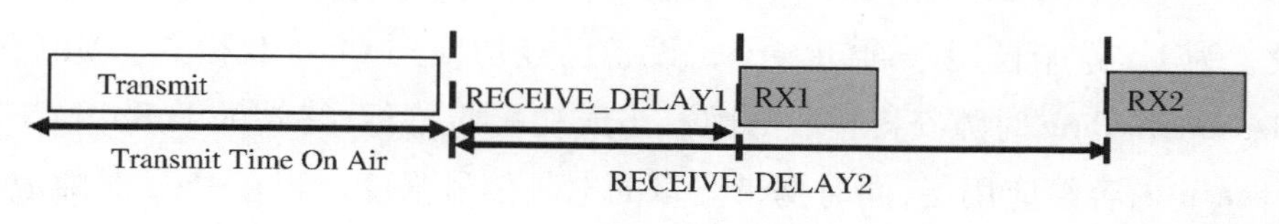

图 12.5　Class A 终端接收时序

2. Class B

Class B 的终端会有更多的接收时隙。除了 Class A 的随机接收窗口,Class B 设备还会在指定时间打开别的接收窗口。为了可以在指定时间打开接收窗口,终端需要从网关接收时间同步的信标(Beacon),这使得服务器可以知道终端何时处于监听状态。

Class B 有一个固定的时间间隔,在每个固定的时间来开启这个接收窗口时隙,这样服务器可以在固定的时间往下发出数据。如图 12.6 所示,上方的 Rx 是终端的接收窗口,终端每隔一个时间 Ping period 可以开启接收窗口,让服务器发送数据。这个开启终端的接收窗口时隙,叫作 Ping slot。服务器利用 Ping slot 往下传送数据。为了实现所有的网关和终端之间的同步,网关需要每隔一个固定的时间,周期性发送信标 Beacon 来同步网络中的所有终端。

所有终端启动后,以 Class A 来加入网络。之后终端应用层可以切换到 Class B。Class A 和 Class B 之间的切换可通过以下步骤来实现。

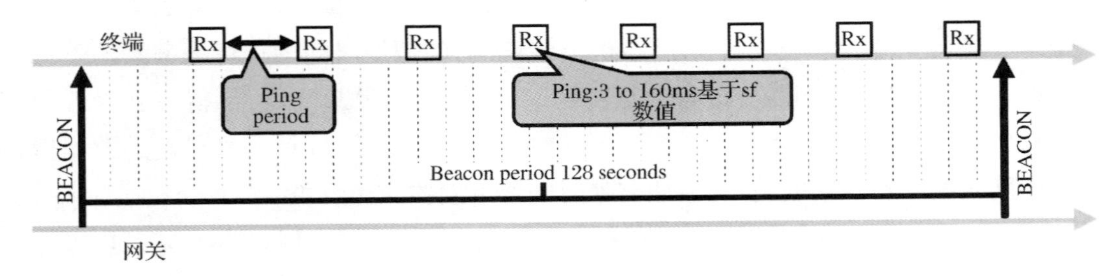

图 12.6　Class B 的消息传送机制

(1)终端应用层请求 LoRaWAN 层切换到 Class B 模式。终端的 LoRaWAN 层搜索信标帧,如果搜索到并且锁定了信标帧,那么就向应用层返回 BEACON_LOCKED 的服务原语,反之则返回 BEACON_NOT_FOUND 的服务原语。

(2)基于信标的强度和电池寿命,终端的应用层选择 Ping slot 所需的数据速率和周期,这可以从 LoRaWAN 层获取。

(3)一旦处于 Class B 模式,MAC 层需要在所有上行帧的 FCtrl 字段中,将 Class B 的位设置为 1。这个位用来通知 server,设备已经切换到 Class B 模式。MAC 层会给每个 Beacon 和 Ping 时隙安排接收时隙。当成功接收信标,终端的 LoRaWAN 层将会转发 Beacon 内容给应用层,同时携带测量的射频信号强度。当在 Ping 时隙成功解调出下行帧,它的处理和 Class A 的方式一样。

(4)移动的终端必须周期性地通知 network server 的位置信息,以便确定下行路径。这是通过发送普通的(可能是空包)"unconfirmed"或者"confirmed"上行包来实现。终端的 LoRaWAN 层需要将 Class B 的位设置为 1。如果应用程序通过解析 Beacon 内容来判断节点移动,那将使该过程变得更高效。这种情况下终端需要在 Beacon 接收后随机延时一段时间再上行,避免上行帧冲突。

(5)如果在指定周期内没有接收到 Beacon,则意味着网络同步丢失。MAC 层必须通知应用层切换回 Class A。随后终端在上行帧的 LoRaWAN 层中将不再设置 Class B 的位,用以通知 network server 终端不再处于 Class B 模式。终端的应用程序可以周期性地尝试切换回 Class B。

3. Class C

Class C 一般用于终端具有充足供电的场景,它不需要精简接收时间,Class C 终端不能执行 Class B。如图 12.7 所示,Class C 和 Class A 一样有两个接收窗口,但 Class C 会保持 RX2 直到再次发送数据。因此,Class C 可以在任意时间用 RX2 来接收下行消息,包括 MAC 命令和 ACK 传输的下行消息。另外,在发送结束和 RX1 开启之间还打开了一个短暂的 RX2 窗口。在 Class C 情况中,除了终端发送消息之外的所有其他时间，服务器端都可以往终端发送消息，因此，比较适合需要对终端进行实时控制信号下发的场景。

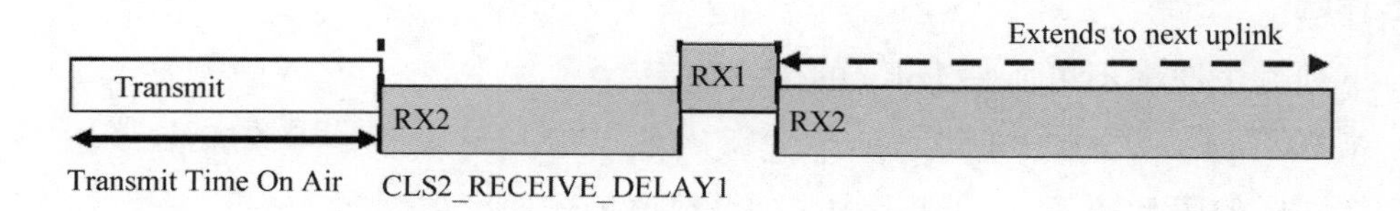

图 12.7　Class C 的消息传送机制

第12章 习题

选择题

1. 下列哪个速率不可能是 LoRa 的传输速率?

   A. 10Kbps　　B. 50Kbps　　C. 300Kbps　　D. 3Mbps

2. 在同样的码片速率下,扩频因子越大,数据传输速率越大?

   A. 对　　B. 错

3. LoRa 终端的主要作用包括(多选):

   A. 采集传感器数据　　B. 传输数据到网关

   C. 转发数据到服务器　　D. 实现系统应用软件

答案

CHAPTER 13
第 13 章
物联网操作系统

物联网操作系统是指以操作系统内核(如 RTOS、Linux 等)为基础,包括如文件系统、图形库等较为完整的中间件组件,具备低功耗、安全、通信协议支持和云端连接能力的软件平台。本章介绍物联网操作系统的发展、概念以及典型的物联网操作系统案例。

本章的学习要点包括:

1. 了解物联网操作系统的特点;
2. 学习典型的物联网操作系统案例;
3. 了解物联网操作系统的发展趋势。

13.1　从嵌入式操作系统到物联网操作系统

嵌入式操作系统(operating system,OS)是指用于嵌入式系统的操作系统,通常包括与硬件相关的底层驱动软件、系统的内核、设备的驱动接口、通信协议、图形界面和一些浏览器等。操作系统负责嵌入式系统的全部软硬件资源的分配和任务调度控制。

嵌入式开发经历了四个阶段:第一个阶段是没有操作系统,以单芯片为核心的可编程控制器系统,基本上相当于裸机,具有检测、指示等功能。它的优点是使用简单、价格低廉,在工业控制领域得到了广泛的应用。第二个阶段是简单操作系统,以嵌入式 CPU 为基础、简单操作系统为核心的嵌入式操作系统,其优点是系统开销小、效率高。它基于嵌入式 CPU,而 CPU 种类繁多导致其通用性较差,同时其用户界面也不够完善。第三个阶段是实时操作系统,这个阶段的嵌入式系统包含了完整的实时操作系统,可以运行在各种微处理器上,兼容性好、内核小、效率高,具有高度的模块化和扩展化,有文件管理和目录管理、设备支持、多任务、网络支持、图形窗口以及用户界面等功能,具有大量的应用程序接口,可提供丰富的软件。第四阶段是面向网络的阶段。如今网络发展迅速,可以把网络技术和信息家电、工业控制等结合起来,实现嵌入式设备和网络的连接,要求配备标准的网络通信接口,这就对操作系统联网有了需求,也是后续物联网操作系统发展的一大特征。

嵌入式实时操作系统已经比较成熟,发展历史超过了 30 年。既然已经有了嵌入式操作系统,为什么又提出物联网操作系统? 原因是传统的嵌入式操作系统已经无法满足物联网的需求。

未来可能有数十亿甚至数百亿台设备连接到物联网,接入量庞大,且大多数设备对低功耗的要求较高。除此之外,物联网系统设计中还有以下几个特殊的要求:①需要提供端到端的解决方案;②处于碎片化的物联网市场要求产品快速上市,这些产品包括集成连接和中间件的软件平台,以及支持各种硬件和芯片的解决方案;③需要一个可以扩展生态环境的软件平台。原先的嵌入式操作系统已经无法满足需求,所以需要物联网操作系统。物联网对操作系统有更高的要求,例如模块可升级、设备软件可伸缩等。由于物联网接入的设备数量庞大,所以对连接性、稳定性要求也较高。

目前,学术和产业界对物联网操作系统还没有给出明确的定义。产业界对其所提供的物联网操作系统有一些定义,如 AliOS Things 是面向 IoT 领域的轻量级物联网嵌入式操作系统,mbed 操作系统是开源的专为物联网中的物所设计的嵌入式操作系统。从这些定义中可以看到,物联网操作系统都是为了从物联网中的“物”出发,解决物与物相连的问题。

当前物联网操作系统可以分为以下三类:第一类是专门为物联网应用开发的 OS 平台;第二类是以嵌入式 OS 为基础,扩展支持物联网应用,从硬件出发,将现有的嵌入式 OS 进行改进,同时支持云端服务;第三类就是从云端布局,扩展支持 IoT 应用的 OS,比如 AliOS Things 和 Amazon FreeRTOS。这些操作系统有成熟的云端功能,可以方便地帮助设备直接联网、上云,使用云端功能。

适用于物联网的操作系统具有以下技术特征:

(1)需要具有管理物的能力,“物”是物联网应用中的终端,是嵌入式实时低功耗设备。

(2)需要具有泛在的通信能力,支持物联网常用的无线和有线通信功能,同时支持近场和远距离的通信协议。

(3)需要具备物联网设备的可维护性,应该具备很好的架构和弹性,适应不同配置的硬件平台,同时简化设备的固件升级,支持远程维护的功能。

(4)需要具备安全性,物联网安全包括设备通信和云安全操作系统,两者都需要具备防御外部的安全入侵和篡改能力。

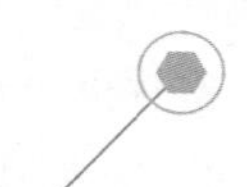

13.2 FreeRTOS 概述

FreeRTOS 是一个物联网操作系统,目前已经被亚马逊收购,并推出了 Amazon FreeRTOS。FreeRTOS 是由英国人 Richard Barry 在 2003 年发布的一款开源的实时操作系统,后续由 Real Time Engineers Ltd. 开发和维护。FreeRTOS 支持超过 35 个 CPU 构架,在 2017 年每 3min 就有一次下载,同时随着 IoT 的推动,各家 MCU 芯片公司的开发板、SDK 开发套件都移植上了 FreeRTOS。FreeRTOS 一度成为世界最受开发者欢迎的 RTOS。到 2017 年时,Richard 成了亚马逊 AWS IoT 首席架构师,FreeRTOS 成为 AWS 开源项目。同年,亚马逊发布了 Amzon FreeRTOS 1.0。Amazon FreeRTOS 使用 FreeRTOS v10 内核,增加了 IoT 应用组件。

Amazon FreeRTOS 是一款适用于微控制器的操作系统,可以帮助开发者轻松对低功耗的小型边缘设备进行编程、部署、安全保护、连接和管理。图 13.1 是 Amazon FreeRTOS 的架构,除了 FreeRTOS kernel 以外,还有很多软件库可以用来扩展它的功能。这些功能可以帮助小型低功耗的设备安全连接到 AWS 云服务或运行 AWS Greengrass 功能更强大的边缘设备。

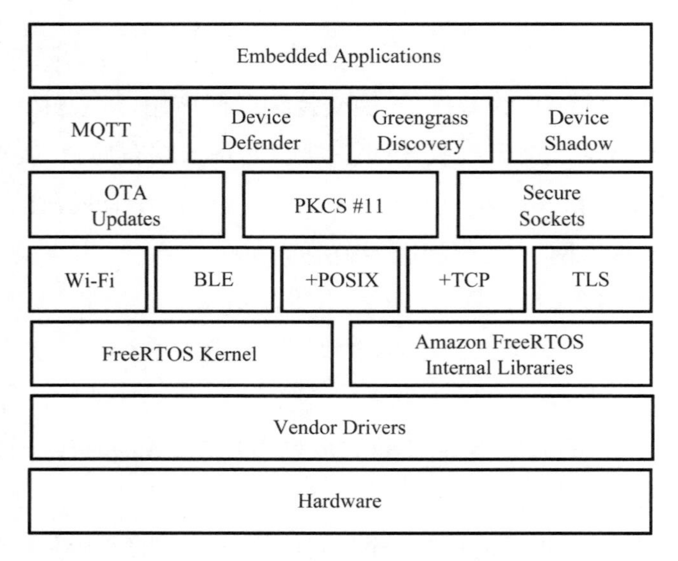

图 13.1　Amazon FreeRTOS 的架构

13.2.1　FreeRTOS 任务间通信机制

Amazon FreeRTOS 内核是一个嵌入式实时操作系统(real time operating system, RTOS),它可以支持各种处理器和 MCU 架构,适用于 MCU 的嵌入式应用,此内核提供了任务调度、存储管理和任务通信协调等功能。

FreeRTOS Kernel 任务间通信使用了信号量、互斥量、事件标志和消息队列 4 个机制。

操作系统利用信号量来进行资源管理和任务同步。FreeRTOS 中信号量分为二值信号量、计数型信号量、互斥型信号量和递归互斥信号量。在资源管理中,信号量常用于控制对共享资源的访问和任务的同步。比如,可以把共享资源类比为停车位,停车位数量有限,信号量用于控制共享资源的场景就相当于一个上锁机制,代码只有获得这个锁的钥匙才能够执行。在任务同步中,信号量可以用于任务与任务、中断与任务之间的同步,在执行中断服务函数时,可以通过发送信号量来通知任务,它所期待的事件发生了。当退出中断服务函数以后,在任务调度器的调度下,同步的任务就会被执行。

互斥量是包含优先级继承机制的二进制信号量。在实现同步时,二进制信号量是更好的选择,互斥量可用于简单的互锁。用于互锁的互斥量可以充当保护资源的令牌。当一个任务希望访问某个资源时，它必须先获取令牌。当任务使用完资源后，必须归还令牌，以便其他任务可以访问同一资源。如果一个互斥量（令牌）正在被一个低优先级任务使用，而此时企图获取这个互斥量的一个高优先级任务，会因为得不到互斥量而进入阻塞状态。高优先级任务将低优先级任务的优先级提升到与自己相同优先级的过程即为优先级继承。

事件标志组也是实现多任务同步的有效机制之一。事件位用来表明某个事件是否发生，事件位通常用作事件标志，例如当收到一条消息并且把这条消息处理掉以后就可以将某个位（标志）置“1”，当队列中没有消息需要处理的时候就可以将这个位（标志）置“0”。事件组就是一组中的事件位，事件组中的事件位通过位编号来访问。

消息队列支持在任务间、任务和中断间传递消息内容，信号量、互斥量和事件都是通过消息队列实现的。如图 13.2 所示，首先假设 Task 有两个任务，一个是 Task A，另一个是 Task B。创建一个队列，首先 Task A 发送第一个消息“x = 10”，然后再向队列发送第二个消息“x = 20”，接下来 Task B 会从队列中读取消息，它会先读取优先放到队列中的消息“x = 10”，再读“x = 20”，消息队列遵循先进先出的原则。

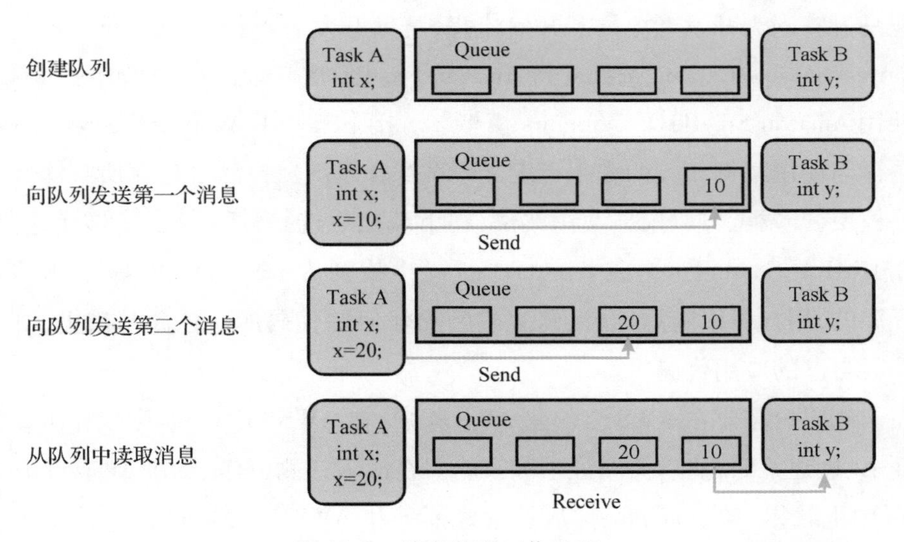

图 13.2　消息队列工作过程

13.2.2　FreeRTOS 软件库与开发流程

图 13.1 是 Amazon FreeRTOS 的架构，它在 FreeRTOS Kernel 基础上添加了一系列软件库，软件库主要功能是帮助设备上云以及设备间、设备和云端的数据传输。例如，Device shadows 是一种 JSON 文档，用来存储和检索 Things 当前的状态信息，使用 MQTT 协议和 Device Shadows 可以安全地将设备连接到 AWS IoT（亚马逊的物联网平

台)。AWS IoT Device Defender 可报告设备端指标,检测异常信息。AWS Greengrass 是一种允许用安全方式为互联网设备执行本地计算、消息收发和数据缓存的软件。AWS GreegrassCores 是 AWS Greegrass 软件的核心功能模块,物联网操作系统可以帮助设备发现和连接 AWS GreengrassCores,进而连接到云端。除了连接云端外,Amazon FreeRTOS 还添加了管理 Wi-Fi 和低功耗蓝牙连接,以及 OTA(over - the - air technology)系统升级和维护功能。

AWS IoT Core 使连接了 Internet 的设备能够连接到 AWS 云,并使云中的应用程序能够与连接了 Internet 的设备进行交互。常见的 IoT 应用程序可从设备收集和处理遥测数据,或者令用户能够远程控制设备。

AWS IoT Greengrass 是将云功能扩展到本地设备的软件。这个软件使设备能够收集和分析更靠近信息源的数据,自动应对本地事件,并在本地网络上安全通信。AWS IoT Greengrass 开发人员可以使用 AWS Lambda 函数和预先构建的连接器,来创建可部署到设备中用于本地执行的无服务器应用程序。它可以实现的功能有影子实施、消息管理器、无线更新代理、本地机器学习推理等。

亚马逊官网为开发者提供了开发流程,帮助开发者更快上手。开发者可以先从 AWSPartner Device Catalog 选择支持 Amazon FreeRTOS 功能的硬件,如果没有硬件,也可以使用 Amazon FreeRTOS Windows 模拟器。接下来使用 Amazon FreeRTOS 控制台,通过选择与使用案例相关的库来自定义下载操作系统。控制台包含所有库和硬件特定的移植层,开发者可以根据使用案例,在下载之后选择性地包含或移除这些层,也可以在 GitHub、SourceForge 或 FreeRTOS. org 上找到 Amazon FreeRTOS。这些代码库都是开源的,用户可以随意扩展、修改或删除任何源代码库。在此基础上,开发者就可以编写自己的应用代码。

在云侧用户需要在 AWS 云创建 AWS 账户,在 AWS IoT Console 创建事物、注册、下载证书、创建策略,然后关联证书和策略。在嵌入式侧,首先要在 Amazon FreeRTOS Console 中下载相应的 module,然后配置好证书和 AWS IoT 端点信息,接下来就可以建立工程、编译、运行。

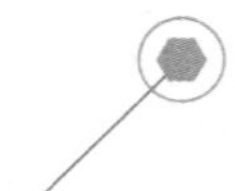

13.3 AliOS Things

AliOS Things 发布于 2017 年杭州云栖大会,是一款由阿里巴巴开发的物联网操作系统。AliOS Things 致力于搭建云端一体化 IoT 基础设施,支持多种多样的设备连接到阿里云,可以应用到多个领域,如智能家居、智慧城市、智慧工业、智慧出行等。

图 13.3 是 AliOS Things 的结构框架,它包含了一个自主研发的实时操作系统内核 Rhino,统一稳定的系统和硬件抽象层,网络协议、用户界面和脚本语言引擎等通用系统组件,还加入了云端连接、传感器管理框架 uData、本地轻量级存储等功能。除了丰富的组件外,AliOS Things 还为开发者提供了完善的测试、开发生态工具。开发者可以使用 VSCode 上的插件 AliOS Studio,自主集成开发环境,也可以在 keil IAR 等常用的 IDE 上进行程序开发。AliOS 还推出了设备端 Web 开发环境 Hacklab 工具,可以帮助开发者省去搭建开发环境等步骤,快速实现应用开发。

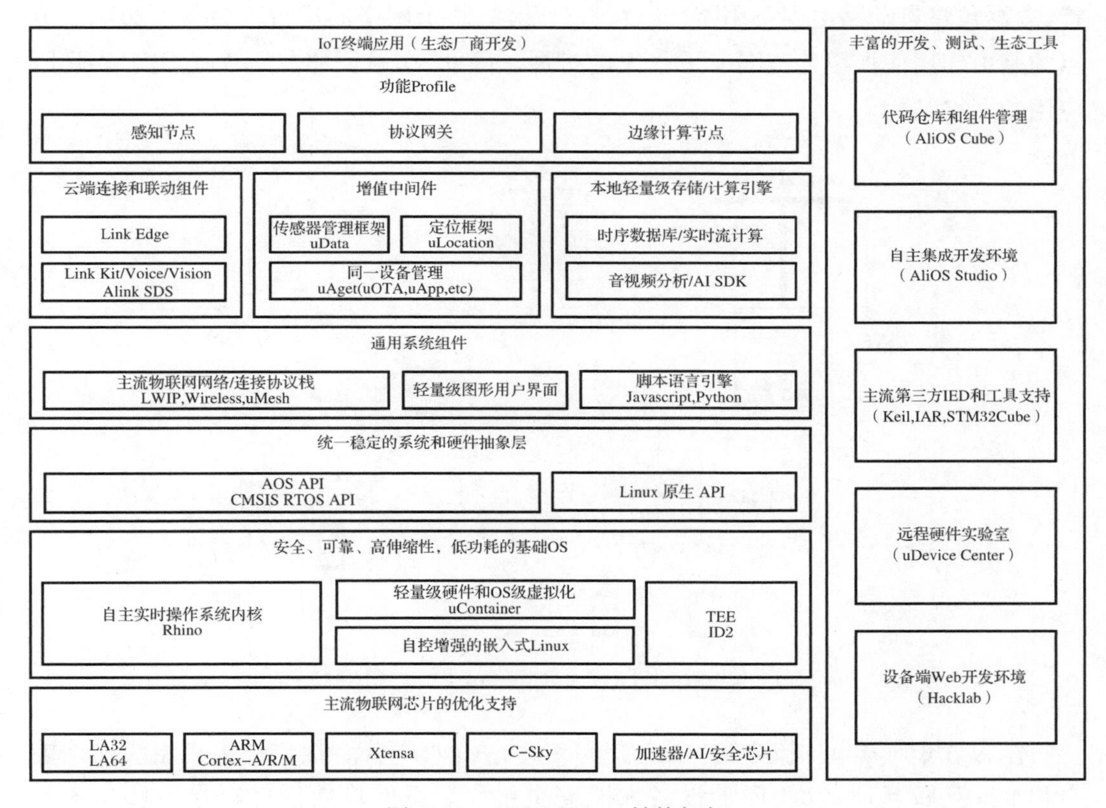

图 13.3　AliOS Things 结构框架

AliOS Things 物联网操作系统拥有主流物联网芯片的支持,比如常用的 ARM Cortex、Xtensa、C-Sky 等主流芯片,方便开发者使用和移植。目前,AliOS Things 已经有了很多成功的案例,比如应用在阿里菜鸟扫码枪、奥克斯天猫精灵智能变频空调、语言控制窗帘、天猫精灵加湿器、洗碗机、热水器等场景中。

AliOS Things 包含四个重要组件,分别是自组织网络(uMesh),空中固件升级功能(FOTA),网络适配框架(SAL),感知设备软件框架(uData),下面进行具体介绍。

1. 自组织网络(uMesh)

uMesh 是一种基于无线 Mesh 网络技术开发的组件。无线 Mesh 网络也称为多跳网络,如图 13.4 所示。在无线 Mesh 网络中使用了网络拓扑结构,其特点是:局域网中所有节点都是连接在一起的,任意两个节点之间拥有多条连接通道,并且呈现出明显地去中心化态势。无线 Mesh 网络中的节点不仅能为用户提供接入功能,还可以转发无线信号。这些节点既是数据接收端,又起到了路由器的功能。这样的结构之所以能带来出色的健壮性,是因为它不依赖于单一节点的性能。在无线 Mesh 网络结构中,每个节点都有不止一条的传送数据路径。如果最近的节点出现故障或者受到干扰,数据包将自动路由到备用路径继续进行传输,整个网络的运行不会受到影响。节点的路由作用使得覆盖范围有了很大的扩展。因此,多跳网络是一个适用于物联网应用的网络结构。

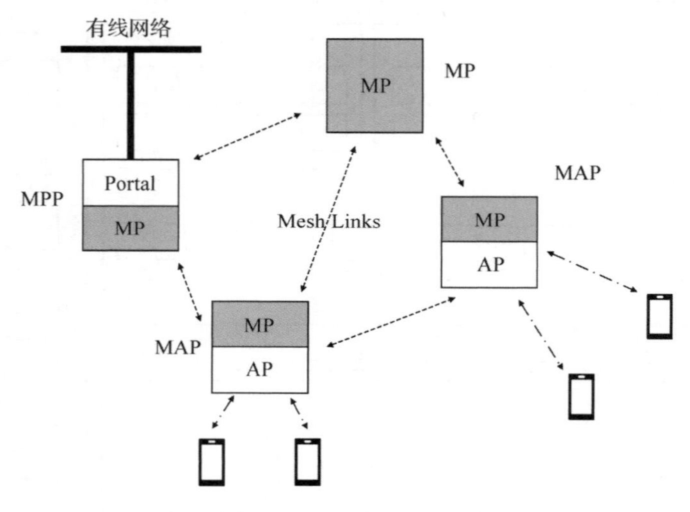

图 13.4　无线 Mesh 网络

作为 AliOS Things 核心组件之一,uMesh 为 AliOS Things 提供原生自组织网络能力和本地互联互通能力,增加设备入网安全机制。虽然目前已经存在一些主流的 Mesh 协议,但是 AliOS Things 重新设计和开发了 uMesh,因为该协议不能满足 AliOS Things 的如下需求:①目前各种协议主要针对某一特定业务场景,并没有提供一种通用的连接能力,很难满足通用的业务需求;②在设计过程中现有协议都将 802.15.4 模组作为 MAC 和 PHY 层协议,但并不是所有的芯片都包含 802.15.4 模组,自组织网络需要更多元化的能力去支持不同的业务;③现有的协议没有考虑到移动节点的支持。基于上述原因,AliOS Things 选择了重新设计并实现 uMesh。

2. 空中固件升级功能(FOTA)

在很多物联网应用场景中都会出现对固件进行远程更新的需求,即通过使用空中下载技术(OTA)升级,快速实现应用需求的改进。这里首先介绍 OTA 升级的基本内容。

传统的 OTA 升级是在在线应用编程(in application programming,IAP)升级的基础上进行远程固件下载烧录。在传统的 OTA 升级应用中,首先要做好 Flash 区规划,将 Flash 区划分为 Bootloader 区、Applicatioin 区、参数存储区和必要的固件缓存区。在追求成本最小化的物联网应用中,Flash 资源有限。如果应用程序本身占用 Flash 资源较大时,就无法预留足够的 Flash 区作为缓存。如果可以将升级精细化,并将每次升级所占用的 Flash 区减小,即可降低设备所需成本。

AliOS Things 专利保护的 FOTA 升级解决方案是基于组件化思想的多 bin 特性。总结来讲,AliOS Things 核心利益点是“减成本,利开发”。

3. 网络适配框架(SAL)

在大多数物联网开发场景中,使用的方案一般为常用 MCU 外接网络连接芯片。针对这些物联网的典型开发方式,AliOS Things 提供了一种 SAL 框架和组件方案。

SAL 主要针对外挂的串口通信模块设计的,借助于 SAL,用户程序可以通过标准的伯克利套接字来访问网络,这样就能避免因场景不同,需要使用不同的通信模块而向厂商专门定制 API 的问题。结合 AT Parser 组件,SAL 可以方便地支持各类基于 AT 的通信模块。

在此类应用场景中,主控 MCU 通过串口或其他协议与通信芯片相连接,AliOS Things 操作系统和用户 App 运行在主控 MCU 中,需要网络数据访问时,通过外接的通信芯片进行网络负载的接收和发射。主控 MCU 和外接通信芯片之间的通信,可以是 AT Command 通道,也可以是厂商私有协议通道。

4. 感知设备软件框架(uData)

uData 是结合 IoT 的业务场景和物联网操作系统的特点设计而成的感知设备处理框架。其主要目的是,解决 IoT 端侧设备传感器开发周期长、应用算法少和无云端数据一体化等痛点问题。uData 感知设备软件框架在传统 SensorHub 概念的基础上又加入了封层解耦的模块化设计原则,使得 uData 可以根据不同业务和需求组件化做移植适配。

图 13.5 是 uData 的软件框架,uData 框架主要分 kernel 和 framework 两层,kernel 层主要是负责传感器驱动,硬件端口配置和相关的静态校准,包括轴向校准等;framework 层主要负责应用服务管理、动态校准管理和对外模块接口等。

uData 的目标范围服务是物联网商业服务,如无人机玩具、智能路灯、扫地机器人等。传感器驱动程序不仅能提供传感器 SDK,还能提供传感器驱动像 ALS、气压计、温度、加速度计、陀螺仪、磁力计等。

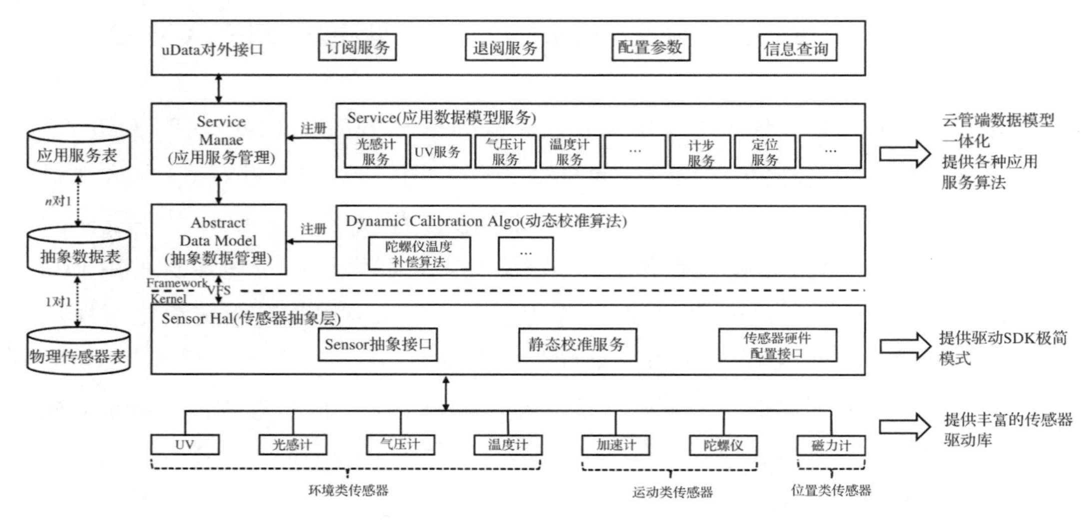

图 13.5 uData 软件框架

13.4 其他物联网操作系统

除了上面介绍的两个物联网操作系统外，还有许多其他的操作系统，其架构和功能各不相同。作为补充和拓展，本节再介绍三个物联网操作系统，分别是 RT-Thread、Huawei LiteOS 和 ARM MbedOS。

13.4.1 RT-Thread

RT-Thread 是一款由中国开源社区主导开发的开源实时操作系统，它的创始人熊谱翔，于 2006 年从零开始创建 RT-Thread 开源实时操作系统项目。RT-Thread 在熊谱翔的坚持下逐渐完善起来，并在国产物联网操作系统中占有一席之地。

图 13.6 是 RT-Thread 的架构，具体包括以下三部分：

(1)内核层是架构的核心部分，包括内核和芯片移植相关文件。内核包括内核系统中对象的实现，例如多线程及其调度、信号量、邮箱、消息队列、内存管理、定时器等。而芯片移植相关文件与硬件密切相关，由外设驱动和 CPU 移植构成。

(2)组件与服务层是基于 RT-Thread 内核之上的上层软件，例如虚拟文件系统、FinSH 命令行界面、网络框架、设备框架等。采用模块化设计，做到组件内部高内聚，组件之间低耦合。

(3)软件包运行于 RT-Thread 物联网操作系统平台上，是面向不同应用领域的通用软件组件，由描述信息、源代码或库文件组成。RT-Thread 提供了开放的软件包平台，图 13.6 中存放了官方提供或开发者提供的软件包。该平台为开发者提供了众多可重用软件包的选择，这也是 RT-Thread 生态的重要组成部分。

从优点来讲，RT-Thread 由国人自主开发，是一个集 RTOS 内核、中间件组件和开发者社区于一体的技术平台，集成了不少 Linux 特征和工具。RT-Thread 拥有 90 余款 MCU 和 MPU 支持，覆盖架构 ARM-x86-PPC-RISV-V。从与云端平台适配的角度来看，RT-Thread 是一家独立的软件公司，它开放支持第三方云，如移动 OneNET、阿里云、微软 Azure 和 RT-Thread 云。

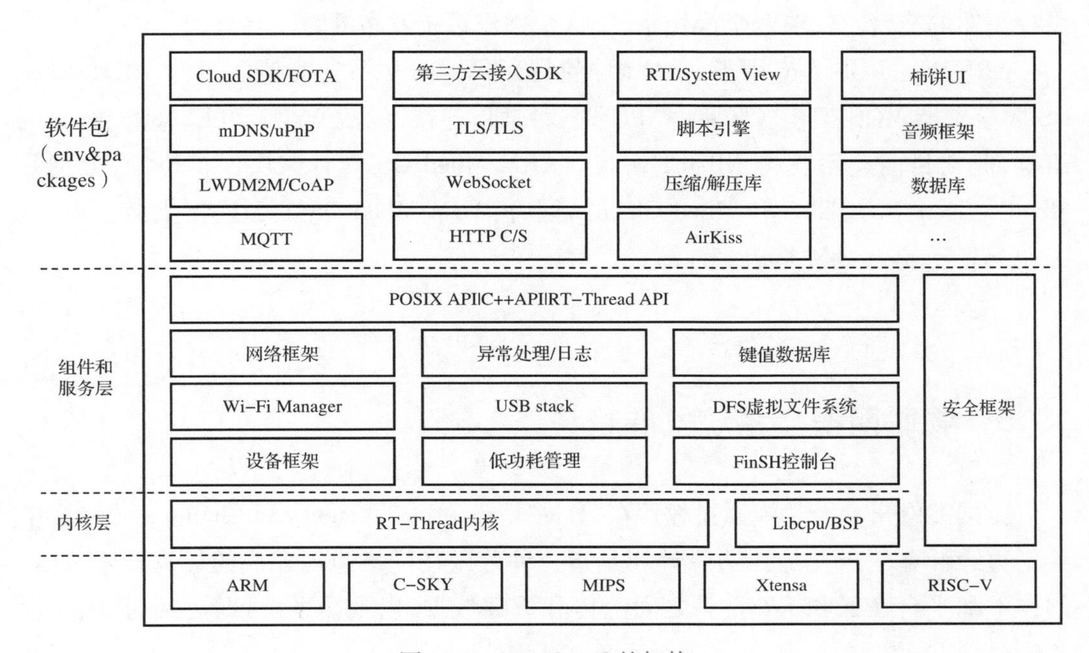

图 13.6　RT-Thread 的架构

13.4.2　Huawei LiteOS

Huawei LiteOS 是华为面向物联网领域开发的一个基于实时内核的轻量级操作系统。Huawei LiteOS 是基于华为在手机终端开发的嵌入式操作系统发展而来的，主要用于 NB-IoT 技术场景。

Huawei LiteOS 内核具有高实时性、高稳定性，内核体积可以剪裁不到 10K，但比起 RTThread 内核体积还是略显庞大。该内核支持低功耗工作机制，实现了任务管理、内存管理、时间管理、通信机制、中断管理、队列管理、事件管理、定时器等功能。

LiteOS SDK 是 Huawei LiteOS 软件开发工具包，其功能包括端—云互通组件、FOTA、JS 引擎、传感框架等内容。端—云互通组件又提供了端—云协同能力，集成了 LwM2M、CoAP、MbedTLS、LwIP 等全套 IoT 互联互通协议栈，在 LwM2M 的基础上提供端—云互通组件开放的 API，可以帮助资源受限终端对接到 IoT 云平台。

Huawei LiteOS 有良好的生态模式，华为定期举办黑客松大赛，鼓励开发者参与和

贡献代码。Huawei LiteOS 推出时,与 NB-IoT 模组、Ocean Connect 和电信形成了一体化平台,这是它的特色,但也限制了它的应用场景。另外,其不足之处在于,Huawei LiteOS 支持的 CPU 架构比较少,开源代码只有 ARM M0-M7。

13.4.3 ARM Mbed OS

ARM Mbed OS 是一个开放源码的操作系统,专门为物联网设备设计的用于 ARM 微控制器的平台。较前两个操作系统,这个操作系统发布的时间要更晚一些。

ARM Mbed OS 是专用于 ARM 微控制器的平台,并不支持其他架构,ARM Mbed OS 内核支持 MCU 架构、C/C++ API 和各种通信连接,包括 Wi-Fi、BLE、LoRa、蜂窝网络等,但它目前还不支持 NB-IoT 协议。ARM Mbed OS 具有三层保护机制,分别是 Mbed uVison、Mbed TLS 和 Mbed Client。同时,ARM Mbed OS 的云连接支持公有云、工业 IoT 云,并计划支持边缘计算。

13.5 物联网操作系统发展趋势

美国韦恩州立大学施巍崧教授在“Edge Computing: Vision and Challenges”一文中给了边缘计算的定义是:“边缘计算是指一种可以在网络边缘完成的计算技术,这样的技术和平台在云和 IoT 设备之间上传和下载数据,以平衡系统计算、实时性、功耗和安全等方面的要求。”

目前,各大物联网平台企业都推出了边缘计算产品。例如,NXP 推出了 EdgeScale 平台和 Edge-Box 开发套件,提供高性能嵌入式 CPU、开源 OS、云端安全支持等功能;ARM 推出了 MbedEdge,与 ARM mbed Cloud 和 Mbed OS 组成支持边缘计算的 IoT 方案;台湾研华科技推出 EIS 智能边缘服务器和 WISE-PaaS/EdgeSenser 的边缘网关。各大企业都在尝试将边缘计算和端相连,和云计算、人工智能服务相连,这是物联网行业发展的一大趋势。

另外,物联网安全一直是用户非常关注的话题,智能产品制造商需要保护设备功能安全、数据安全,以及用户的隐私安全。更为困难的是,物联网安全设计还处在探索阶段,目前还没有成熟的设计和实现方法。随着物联网的发展及日常生活中越来越多的连接需要,网络安全将会成为网络行业首要的话题,未来的物联网一定是信息安全和功能安全的融合体。

第13章 习题

选择题

1. 物联网发展产生的哪些需求促使物联网操作系统的产生？（多选）

   A. 超大连接　　B. 低功耗　　C. 安全　　D. 单一设备

2. 传统的嵌入式操作系统与物联网操作系统最大的区别在于，物联网操作系统的成本更低，更有利于物联网的应用开发？

   A. 对　　B. 错

3. 无线 Mesh 网络中的节点，只能为用户提供接入功能，不可以转发无线信号？

   A. 对　　B. 错

4. RT-Thread 内核相较于 FreeRTOS kernel 多了以下哪个功能？

   A. 消息队列　　B. 时间片调度　　C. 抢占多任务　　D. 消息邮箱

答案

参考文献

[1]钟义信. 信息科学原理[M]. 5 版. 北京:北京邮电大学出版社,2013.
[2]仇佩亮,张朝阳,谢磊,等. 信息论与编码[M]. 2 版. 北京:高等教育出版社,2011.
[3]于慧敏,等. 信号与系统[M]. 2 版. 北京:化学工业出版社,2007.
[4]陈抗生. 电磁场与电磁波[M]. 2 版. 北京:高等教育出版社,2007.
[5]陈抗生,周金芳. 模拟电路基础:从系统级到电路级[M]. 北京:科学出版社,2020.
[6]陈佳莹,胡蔚,刘忠,等. 窄带物联网(NB-IoT)原理与技术[M]. 西安:西安电子科技大学出版社,2020.
[7]史治国,洪少华,陈抗生. 基于 XILINX FPGA 的 OFDM 通信系统基带设计[M]. 杭州:浙江大学出版社,2009.
[8]史治国,潘骏,陈积明. NB-IoT 实战指南[M]. 北京:科学出版社,2018.
[9]史治国,陈积明. 物联网操作系统 AliOS Things 探索与实践[M]. 杭州:浙江大学出版社,2018.
[10]陈积明,史治国,贺诗波. 物联网平台 Link Platform 探索与实践[M]. 杭州:浙江大学出版社,2020.
[11]Anand Tamboli. Build Your Own IoT Platform[M]. Berkeley: Apress,2019.
[12]葛天雄. 基于 MQTT 的通用物联网安全系统框架[D]. 杭州:浙江大学,2021.
[13]刘云浩. 物联网导论[M]. 3 版. 北京:科学出版社,2017.
[14]魏旻,王平. 物联网导论[M]. 北京:人民邮电出版社,2015.
[15]谢磊,陆桑璐. 射频识别技术:原理、协议及系统设计[M]. 北京:科学出版社,2020.
[16]武传坤. 物联网安全技术[M]. 北京:科学出版社,2020.
[17]董玮,高艺. 从创意到原型:物联网应用快速开发[M]. 北京:科学出版社,2019.